WERKSTATTBÜCHER

FÜR BETRIEBSANGESTELLTE, KONSTRUKTEURE UND FACH-ARBEITER. HERAUSGEGEBEN VON DR.-ING. H. HAAKE, HAMBURG

Jedes Heft 50—70 Seiten stark, mit zahlreichen Textabbildungen

---

Die Werkstattbücher behandeln das Gesamtgebiet der Werkstatts-technik in kurzen selbständigen Einzeldarstellungen: anerkannte Fachleute und tüchtige Praktiker bieten hier das Beste aus ihrem Arbeitsfeld, um ihre Fachgenossen schnell und gründlich in die Betriebspraxis einzuführen.

Die Werkstattbücher stehen wissenschaftlich und betriebstechnisch auf der Höhe, sind dabei aber im besten Sinne gemeinverständlich, so daß alle im Betrieb und auch im Büro Tätigen, vom vorwärtsstrebenden Facharbeiter bis zum leitenden Ingenieur, Nutzen aus ihnen ziehen können.

Indem die Sammlung so den Einzelnen zu fördern sucht, wird sie dem Betrieb als Ganzem nutzen und damit auch der deutschen technischen Arbeit im Wettbewerb der Völker.

Einteilung der bisher erschienenen Hefte nach Fachgebieten

(Fortsetzung 3. Umschlagseite)

WERKSTATTBÜCHER
FÜR BETRIEBSANGESTELLTE, KONSTRUKTEURE UND FACH-
ARBEITER. HERAUSGEBER DR.-ING. H. HAAKE, HAMBURG
HEFT 58

Gesenkschmieden von Stahl

Von

Dr.-Ing. Hugo Kaessberg

Wetzlar

Zweiter Teil

Die Gestaltung der Schmiedewerkzeuge

Zweite, neubearbeitete Auflage

(7. bis 12. Tausend)

Mit 255 Abbildungen im Text

Springer-Verlag Berlin Heidelberg GmbH

Inhaltsverzeichnis.

ISBN 978-3-540-01592-5   ISBN 978-3-642-86856-6 (eBook)
DOI 10.1007/ 978-3-642-86856-6

I. Gestaltung der Werkzeuge für die einzelnen Arbeitsvorgänge unter Berücksichtigung der Maschinenart.

A. Arbeiten unter Hammer und Presse.

1. Schneiden. Das Schneidwerkzeug zum Ablängen von Werkstoff ist meist ein einfaches Messer oder ein Führungsschnitt unter Schere oder Presse, auch wird der Rohstoff vielfach mittels Kalt- oder Warmsäge in Stücke zerteilt. Dabei rechnet man zu dem Gewicht des fertigen Schmiedestückes den Abbrand-, Beiz-, Schnitt- und Abgratverlust. Wichtig ist oft eine gerade Schnitt-fläche, die auf schlechten Scheren schwer zu erreichen ist. Das Obermesser der Schere soll genügend schräg sein und womöglich am Untermesser einseitig oder doppelt geführt werden (Abb. 1). Das obere Messer darf natürlich in seinen Seitenführungen im Ständer nicht wackeln. Der Neigungswinkel der Messer kann für Warmschneiden um einige Grad größer sein (Abb. 2). Um nicht jede Länge messen zu müssen, namentlich bei kurzen Stücken, versieht man die Schere mit einem Anschlag. Dieser Anschlag darf nicht fest sein, weil sonst das abgeteilte Stück sich zwischen Obermesser

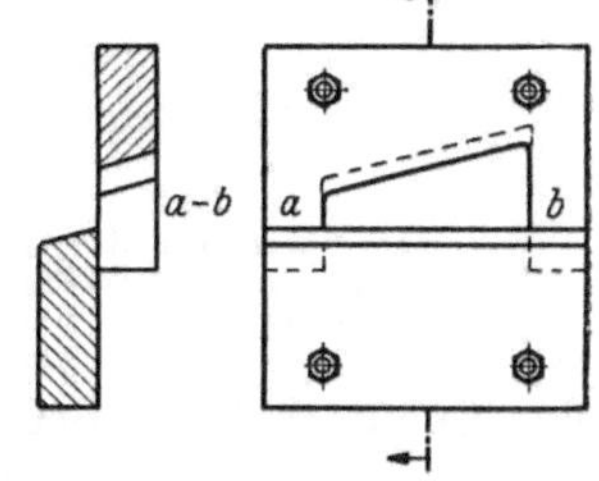

Abb. 1. Schermesser.
a u. *b* Führungen.

und Anschlag einpressen würde. Man macht ihn am besten drehbar, so daß er von selbst wieder in seine Stellung zurückfällt (Abb. 3). Den Drehpunkt *b* befestigt man unmittelbar am Scherenständer oder, wenn das nicht geht, an einem angeschraubten Arm *e*; *c* ist ein Gegengewicht, das den Anschlag gegen den Stift *a* drückt. Die Anschlagplatte *d* führt man als Kreisbogen mit dem Mittelpunkt *b* aus, denn beim schnellen Vorschub kommt es vor, daß der Anschlag nicht schnell genug zurück-fällt; dann dient jeder Punkt der Oberfläche von *d* demselben Zweck. Der Drehpunkt *b* ist in einem waagerechten Schlitz für verschiedene Schnittlängen einstellbar.

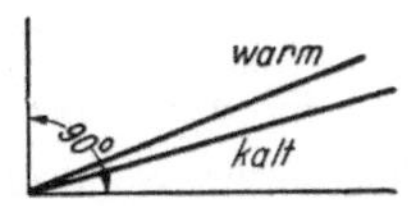

Abb. 2. Neigungswinkel für Schermesser.

Beim Kaltschneiden ist besonders darauf zu achten, ob der Werkstoff sich dafür eignet. Härterer Stoff bildet oft Überlappungen, die beim Pressen Ausschuß ergeben. Bei stumpfen oder schlecht geführten Scherenmessern entstehen Zungen (Abb. 4 bei *Z*). An neuzeitlichen Pressen sind die Messer so eingebaut, daß man einen fast ebenen und rechtwinkligen Schnitt erhält.

Um beim Schmieden von der Stange das Schmiedestück abzutrennen, benutzt man ent-weder eine am Hammer angebrachte Hand-hebelschere (Hackschere), die man auch, mit dem Hammerhub verbunden, oder elektrisch betrieben, mechanisch wirken lassen kann, oder eine als Schneidkante ausgebildete Ge-senkblockecke (Abb. 5). Man kann auch be-

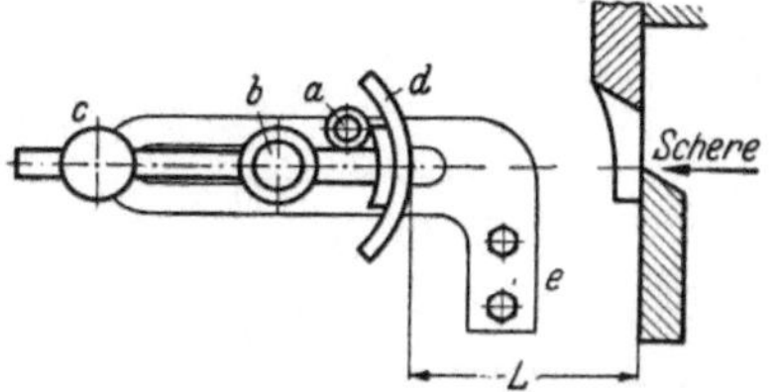

Abb. 3. Anschlag zum Ablängen. *a* Anschlag-stift; *b* Drehpunkt; *c* Gegengewicht; *d* An-schlagplatte; *e* Befestigungsarm; *L* Abschnittlänge.

sondere Messer einsetzen, entweder seitlich am Block (Abb. 6) oder stirnseitig (Abb. 7). Das Verkeilen der Messer ist besser als das Verschrauben. Doch hat sich

---

Anmerkung: Die erste Auflage dieses Buches ist 1936 erschienen.

1*

auch bewährt, einen verstellbaren Halter für das Untermesser auf der Schabotte anzubringen (Abb. 8). Solche Messer am Bären sind jedoch nur an Fallhämmern und an Eriehämmern möglich, da nur mit diesen die erforderlichen leichten Schläge für das Abhauen gegeben werden können, im Gegensatz zu Brettfallhämmern mit immer gleicher Fallhöhe. Im letzten Falle muß die Abschervorrichtung neben den Hammer gesetzt werden.

Die Rohlinge für das Schmieden unter der Presse sägt man vielfach ab, um genau rechtwinklige und glatte

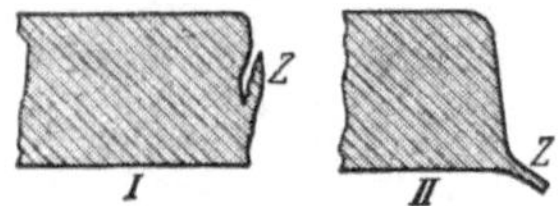

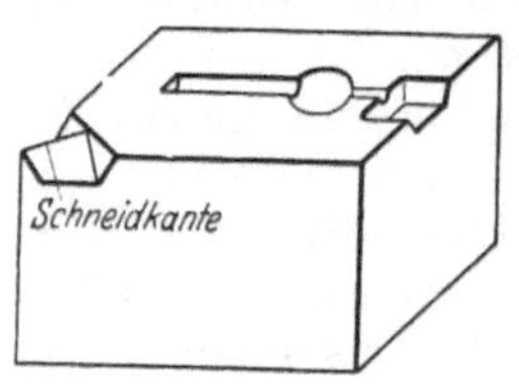

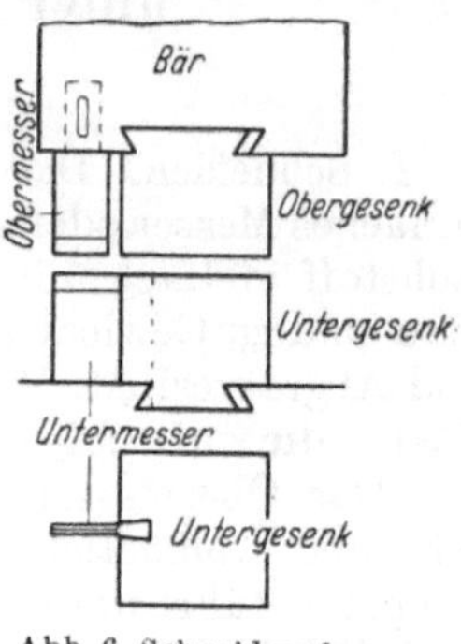

Abb. 4. Schnittflächenfehler.
I u. *II* verschiedene Werkstücke;
Z Zungen.

Abb. 5. Schneidkante am Gesenkblock.

Abb. 6. Schneidwerkzeug neben Gesenkblock.

Schnitte zu erhalten. Bei schief geschnittenen Stücken drückt sich der Dorn in Richtung p (Abb. 9) zur Seite; er kann brechen, zumindest aber werden die Wandstärken der geschmiedeten Hülsen ungleich, oder das Rohstück wird im offenen Gesenk einseitig verdrückt.

2. Spalten. Im Bergischen Lande hat man es verstanden, sich von der Handwerkskunst des Reckschmiedes frei zu machen, indem man ein klug ausgedachtes System der Werkstoffzerteilung mittels Exzenterpressen, „Spalten" genannt, in Anwendung bringt. Man benutzt grundsätzlich Werkstoff von flacher Form für die meist flachen kleinen Massenteile, die nach diesem Verfahren hergestellt werden, wie Messer, Scheren, Zangen, Schraubenschlüssel, Schraubenzieher, Kloben usw.

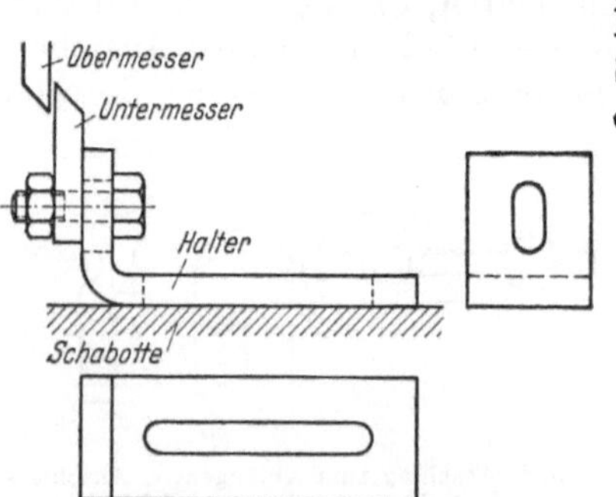

Abb 7. Schneidwerkzeug vor Gesenkblock.

Die Spaltpressen stehen unmittelbar neben dem Rohstofflager, so daß der Werkstoff — senkrecht aufgestapelt — ohne große Förderkosten gespalten, in Kästen gepackt und dem Hammer zugeführt werden kann. Auf dem Pressentisch befindet sich die Spaltsohle (Abb. 10), in die der Spaltschnitt eingespannt wird.

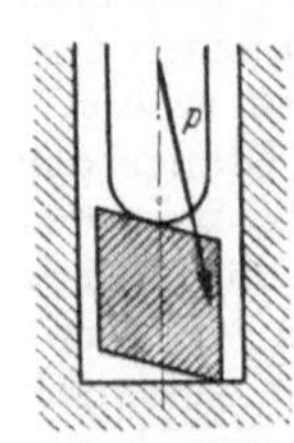

Die entfallenden Werkstücke nennt man Spaltstücke. Mit Ausnahme von etwas Stangenendenabfall entsteht kein Werkstoffverlust. Falls erforderlich, wird beim Spaltstück zum Anfassen beim Schmieden ein *Zangenende* mit angeschnitten (Abb. 11). Wie die Abb. 10 u. folg. zeigen, sind die Spaltwerkzeuge

Abb. 8. Halter für Untermesser auf Schabotte verschiebbar aufgebaut

Abb. 9. Dornen schiefer Stücke.

eigentlich besonders geformte Messer, die wie Schnitt und Stempel zusammen arbeiten, wobei der Werkstoffstreifen in seitlichen Anschlägen geführt und in der Länge begrenzt wird (Abb. 12). Die Formen der Spaltschnitte sind sehr vielgestaltig, doch lassen sich einige Grundformen festlegen:

Grundform I. *Gerade Spaltform* (Abb. 13 u. 14). Bei jedem Pressenhub entfällt ein Stück.

Grundform II. *Schräge Spaltform* (Abb. 15 u. 16). Der Flachstreifen wird schräg über das aus zwei einfachen Messern bestehende Spaltwerkzeug geführt. Das Spaltstück zur Herstellung von Kombinationszangenschenkeln wird gebogen und dann ins Gesenk geschlagen.

Grundform III. *Spaltform für vereinigten*

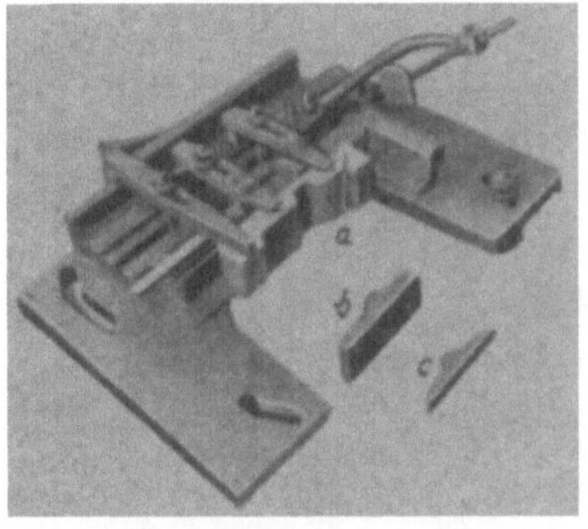

Abb. 10. Spaltsohle für Exzenterpresse.
a Spaltschnittunterteil; *b* Spaltschnitt-oberteil; *c* Spaltstück.

Abb. 11. Spaltwerkzeug, Einzelteile.
a Unterteil; *b* Oberteil: *c* Spaltstück.

geraden und schrägen Schnitt (Abb. 17 u. 18). Bei dieser Form entfallen bei jedem Pressenhub zwei Stück. Sie dient z. B. auch zur Herstellung von Scherenschenkeln.

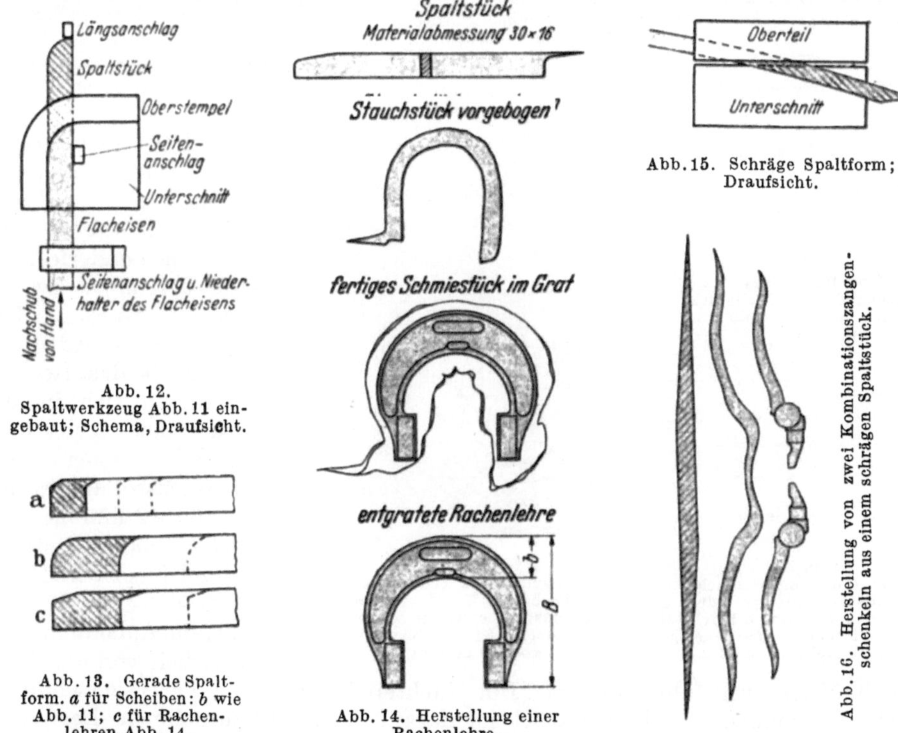

Abb. 12.
Spaltwerkzeug Abb. 11 eingebaut; Schema, Draufsicht.

Abb. 13. Gerade Spaltform. *a* für Scheiben: *b* wie Abb. 11; *c* für Rachenlehren Abb. 14.

Abb. 14. Herstellung einer Rachenlehre.

Abb. 15. Schräge Spaltform; Draufsicht.

Abb. 16. Herstellung von zwei Kombinationszangenschenkeln aus einem schrägen Spaltstück.

Grundform IV. *Spaltform für einseitige Köpfe* (Abb. 19···21) mit Querschnittsverminderung nach einer Seite. 2 Stück je Hub.

Grundform V. *Spaltform für Köpfe in Mitte* (Abb. 10, 22, 23), brauchbar für Querschnittsverminderung nach beiden Seiten.

Grundform VI. *Spaltform für doppelte Köpfe* (Abb. 24), z. B. zur Herstellung von Schraubenschlüsseln (Abb. 25).

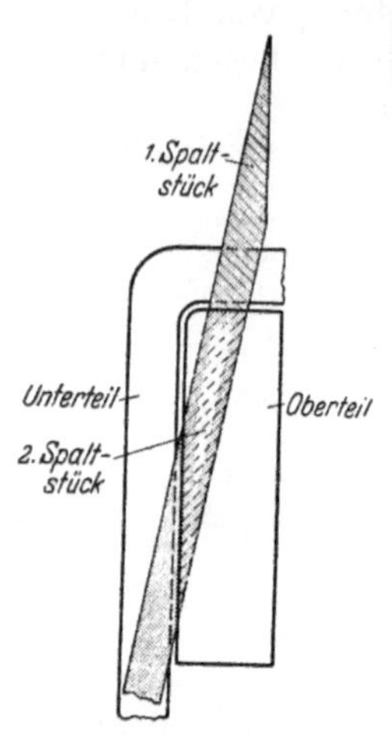

Abb. 17. Spaltform für vereinigten geraden und schrägen Schnitt.

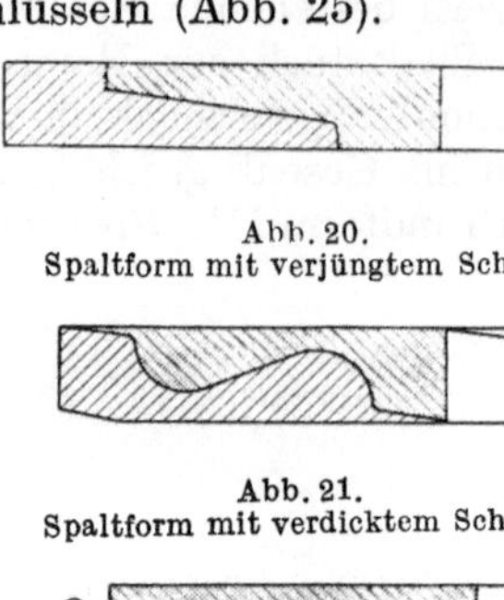

Abb. 20.
Spaltform mit verjüngtem Schaft.

Abb. 21.
Spaltform mit verdicktem Schaft.

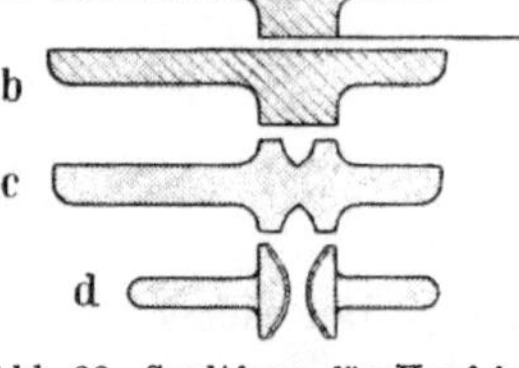

Abb. 22. Spaltform für Kopf in Mitte. *a* Flachstahlstab: *b* Spaltstück; *c* Setzschlag bringt Schäfte in Mitte; zugleich Einkneifen; *d* Fertigstücke.

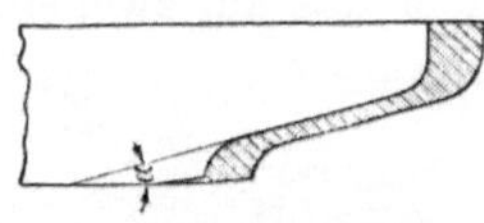

Abb. 24. Spaltform für doppelte Köpfe. Winkel α gibt die Schaftbreiten an.

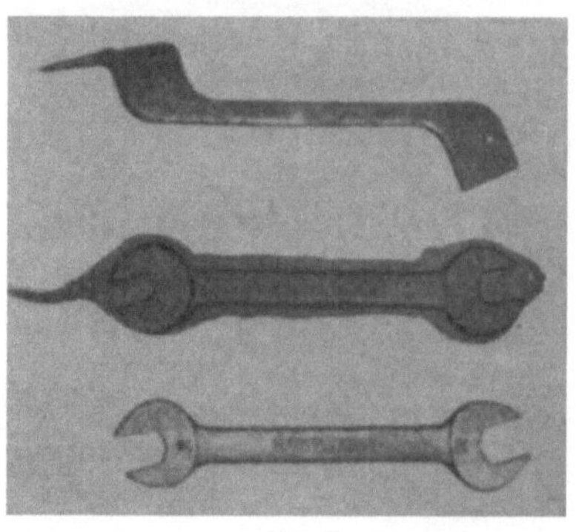

Abb. 25. Herstellung eines Doppelschraubenschlüssels im Spaltverfahren.

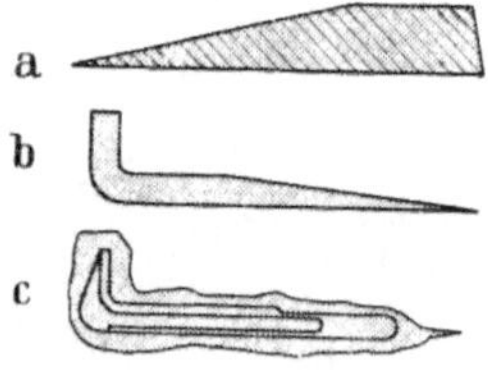

Abb. 18. Herstellung eines Exzelsiorschlüsselstieles. *a* Spaltstück: *b* Spaltstück gehoben; *c* Rohling im Grat

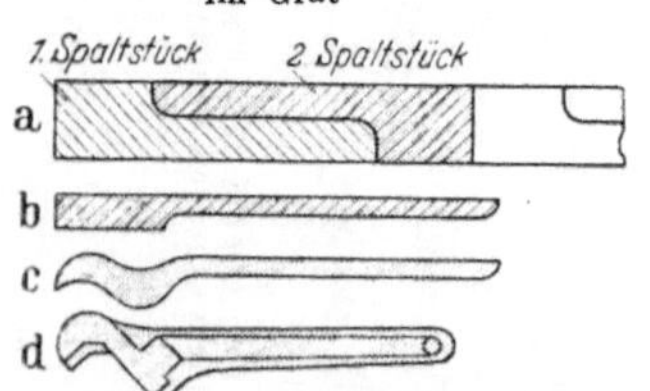

Abb. 19.
Herstellung eines Kreszentschlüsselstiels. Spaltstück wird vor dem Gesenkschmieden gebogen. *a* Flachstahlstab; *b* Spaltstück; *c* Spaltstück gebogen; *d* Rohling im Grat.

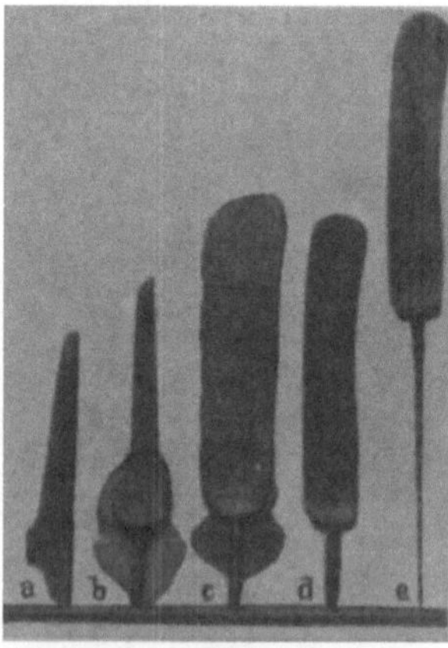

Abb. 23.
Herstellung eines Tischmessers. *a* Spaltstück; *b* Kropf und Angel geschlagen; *c* Klinge ausgeschmiedet; *d* Klinge abgegratet; *e* Angel gelängt.

Die drei ersten Grundformen sind Universalschnitte und für viele Zwecke zu gebrauchen, die übrigen sind Sonderformen, die für bestimmte Zwecke entwickelt wurden. Das Spalten geht bedeutend schneller als das Recken, z. B. lassen sich in der Stunde 2000 Spaltstücke für 4″ Scherenschenkel aus einer Werkstoffabmessung $100 \times 20 \times 12$ mm herstellen oder 1000 Spaltstücke für Exzelsiorschlüsselstiele aus $300 \times 40 \times 13$ mm Flachstahl. Außerdem kann diese Arbeit von ungelernten Kräften ausgeführt werden. Ein Nachteil ist, daß die Faser zerschnitten wird. Bei manchem Schmiedestück ist darauf Rücksicht zu nehmen. Der Werkstoffverbrauch läßt sich bei diesem Verfahren vorher sehr genau berechnen. Beim Entwerfen von Spaltschnitten fertigt man zweckmäßig zunächst Probespaltstücke von Hand.

Abb. 26 zeigt die Herstellung eines Ringschlüssels nach dem Spaltverfahren mit anschließendem Gesenkschmieden. Neuere Klingen werden nach Abb. 27 hergestellt (vgl. die alte Form Heft 31, Abb. 98—100).

3. Rollen. Beim Rollen wird das Arbeitsstück dauernd gedreht, damit kein Grat entsteht. Es kommt in Frage für Vor- und Fertigschmieden bei Stangen- oder Stückarbeit. Man kann runde, kugelige oder polygonale Formen damit herstellen (Abb. 28, 29 u. 30). Das Rollen lediglich als Vorformung hingegen

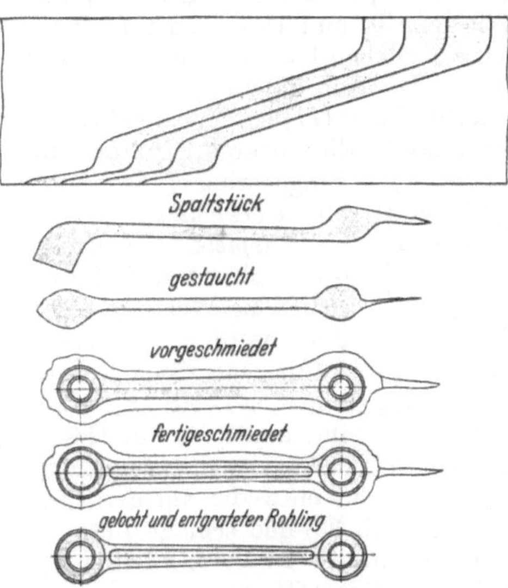

Abb. 26.
Herstellung eines Ringschlüssels im Spaltverfahren.

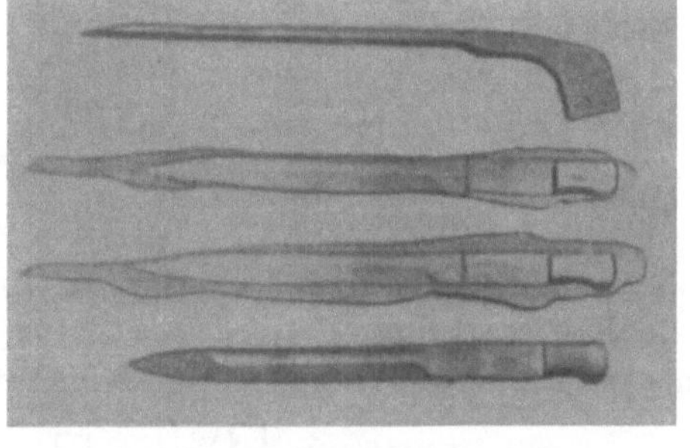

Abb. 27.
Herstellung einer Klinge im Spaltverfahren.

bedeutet ein genaues Recken zwecks genauer Materialzuteilung (Heft 31 Abb. 132).

Rollgesenke werden im Grunde mit dem gewünschten Halbmesser des Stückes ausgeführt (Abb. 31). Alle Krümmungsübergänge müssen tangential verlaufen.

4. Biegen. a) Das Biegen vor dem Gesenkschmieden.

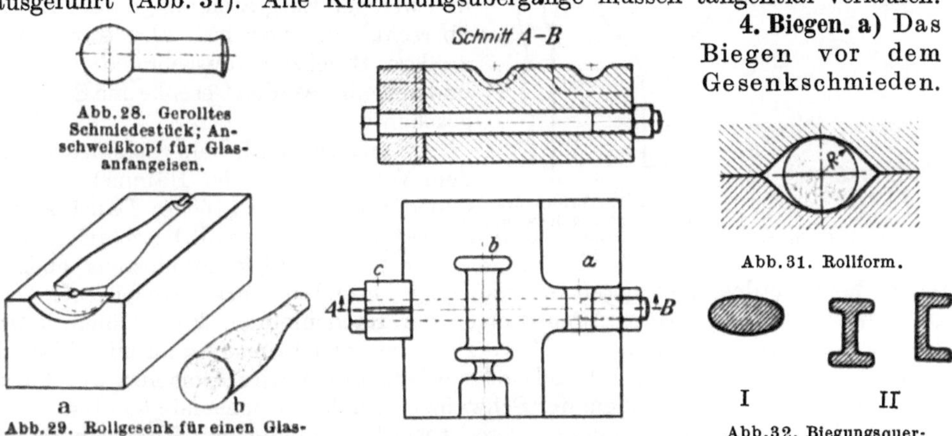

Abb. 28. Gerolltes Schmiedestück; Anschweißkopf für Glasanfangeisen.

Abb. 29. Rollgesenk für einen Glasbläserpfeifenkopf. a Gesenk; b Fertigstück.

Abb. 30. Herstellung einer Rolle. a Vorrollgesenk; b Fertigrollgesenk; c Messer.

Abb. 31. Rollform.

Abb. 32. Biegungsquerschnitte. I, II verschiedene Profile.

Liegt die Ebene der Biegung senkrecht zur Schlagrichtung, fällt sie also mit der Teilungsebene des Gesenkes zusammen, wie z. B. in Abb. 14, so biegt man meist vorteilhafter beim Vorschmieden, um ein Verziehen des sauber geprägten Querschnittes zu vermeiden.

Biegungen in anderen Ebenen werden oft zweckmäßiger nach dem Schlagen ausgeführt. Wird für ein Werkstück die Teilungsebene für Unter- und Obergesenk bestimmt, so ist auf seine Biegung Rücksicht zu nehmen und stets die unvorteilhafteste Biegung in die Teilebene zu legen. Die unvorteilhafteste Biegung ist aber diejenige, bei der sich nach dem Schlagen die größte Verformung ergibt. Ist man nun gezwungen, nach dem Schlagen zu biegen, so ist jedenfalls für diese Biegungsstelle der elliptische Querschnitt I (Abb. 32) dem T- und U-förmigen II vorzuziehen. In solchen Fällen ist auch stets der gerade Stab I (Abb. 33) an der äußeren Biegungskante bei a (II) entsprechend zu verstärken, damit die Dicke b trotz des Biegungsverlustes erhalten bleibt (III und IV).

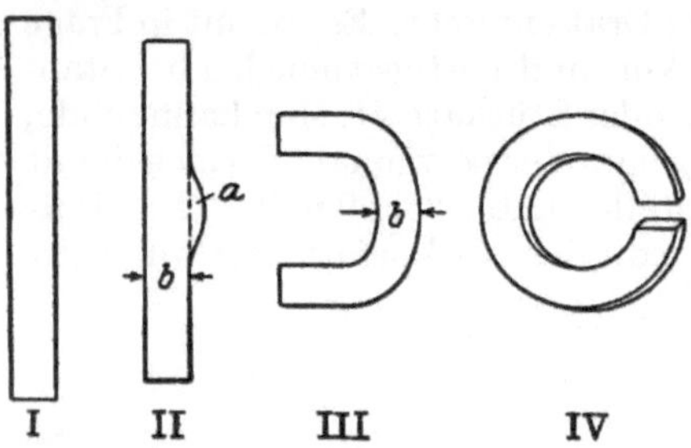

Abb. 33. Vorbiegen der Rachenlehre Abb. 34.
Verstärkung an der Biegestelle. I, II, III, IV
Fertigungsstufen.

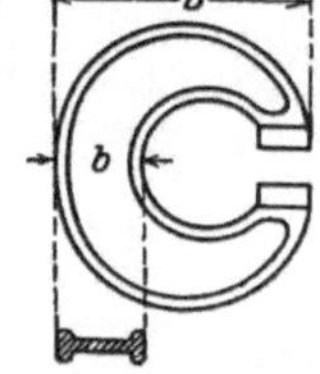

Abb. 34. Rachenlehre.

Beispiele. Die *Rachenlehre* Abb. 34 kann auf verschiedene Weise geschmiedet werden. Entweder wählt man einen Rohstoff von der Breite B, schlägt ihn unmittelbar ins Gesenk, gratet die Vorform außen und innen ab und schlägt sie nach, oder man wählt einen Rohstoff von einer Breite etwas kleiner als b, biegt ihn entweder auf der Biegemaschine oder im Gesenk unter dem Hammer vor (Abb. 33) und schlägt diese Vorform dann ins Gesenk. Im zweiten Falle wird viel Rohstoff gespart, allerdings muß mehr Lohn für das Vorschmieden gezahlt werden, aber nur scheinbar; denn man kommt beim Gesenkschmieden mit weniger Schlägen und meist auch mit einmal weniger Entgraten aus, da der Stoffüberschuß geringer ist. Also kann eine größere Stückzahl ausgebracht werden, und nebenbei werden Gesenke und Schnitte geschont.

Im anderen Fall, beim Schmieden aus dem Vollen, macht der Hammer zu derselben Zeit weniger Stücke. Dabei ist die Abgratpresse nicht voll beschäftigt, und so wird das Stück mindestens ebenso teuer, dazu werden die teueren Gesenke noch besonders stark beansprucht. Das gilt jedoch nur für größere Abmessungen der Rachenlehren. Für kleinere lohnt das Biegen nicht, so daß man doch vorzieht, sie gleich ins Gesenk zu schlagen.

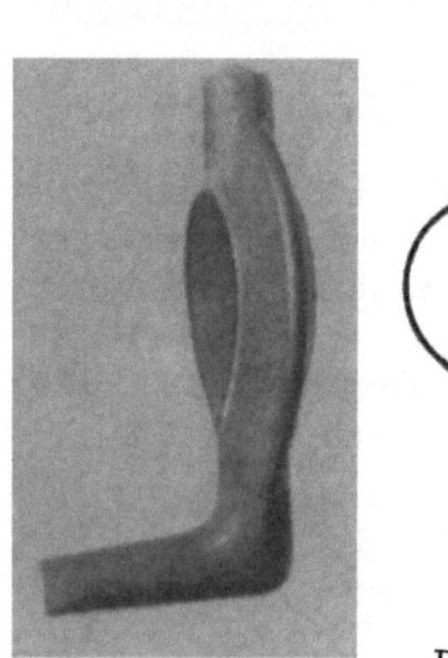

Abb. 35. Drehherz.

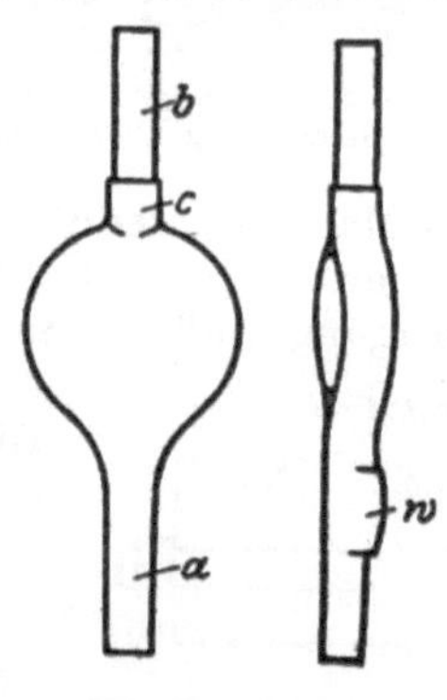

Abb. 36. Vorform des Drehherzes. a Schwanz; b Zangenende; c Kopf; w Wulst.

Drehherz (Abb. 35). Aus Rund- oder Flachstange wird zunächst die Form Abb. 36 vorgeschmiedet, indem der Schwanz a und das Zangenende b unter einem schnell schlagenden Lufthammer ausgereckt werden und auch der Kopf c abgesetzt wird. Dann wird das Rohstück ins Vorgesenk geschlagen, wobei der Schwanz zunächst gerade bleibt und eine Wulst w (Abb. 36) bekommt, die als Vertiefung im Untergesenk angebracht ist. Nach dem Abgraten der äußeren Form mit einem üblichen Schnittwerkzeug (vgl. Heft 31, Abb. 4) wird das Loch mit dem Führungsschnitt Abb. 37 ausgestoßen und der Schwanz von Hand oder unter der Presse gebogen (Abb. 38). Dann wird das Drehherz im Fertiggesenk Abb. 39 über den Dorn geschlagen, dadurch sauber und genau und schließlich nochmals mit dem Schnitt Abb. 39 abgegratet.

Kurbelwelle für Automobilmotor (Abb. 40). Die dreifach gelagerte Welle besteht aus legiertem Stahl. Ein Knüppel von quadratischem oder rundem Querschnitt und berechneter Länge (Abb. 40a) wird zunächst im Vorschmiedegesenk Abb. 41 unter der hydraulischen Presse gebogen. Die Gesenkbacken werden meist mit Flansch am Preßtisch bzw. am Preß-

Abb.37. Lochwerkzeug für Drehherz.

Abb.38. Biegevorrichtung für Drehherz.

holm befestigt. Bei diesem Vorbiegen ist ein Strecken der Wangen und daher eine Querschnittsverminderung nicht zu vermeiden. Folglich muß der Knüppelquerschnitt so groß sein, daß die Wangen nach dem Biegen noch stark genug sind, um im Gesenk die richtige Form zu ergeben. Der vorgebogene Rohstoff wird dann auf die vorgeschriebene Höchsttemperatur erhitzt und geht in das Vorgesenk *b* (Abb. 42). Die Benutzung dieses kombinierten Gesenkes zum Biegen *a* und Schmieden *b* ist bei Massenfertigung nur dann üblich,

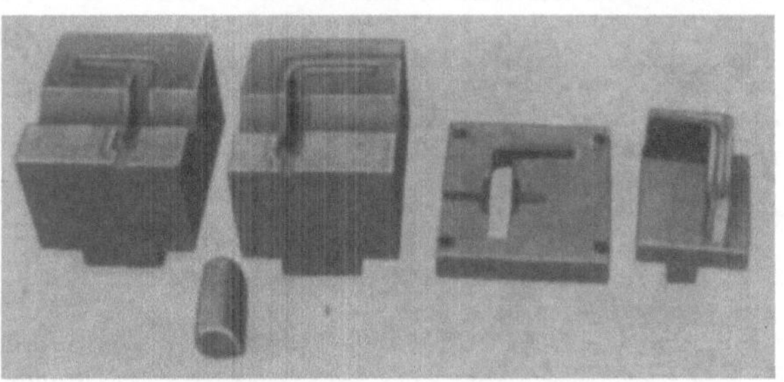

Abb.39. Fertiggesenk und Abgratwerkzeug.

wenn z. B. nur ein schwerer Hammer zur Verfügung steht; sonst wird viel einfacher und schneller auf der dampfhydraulischen Presse vorgebogen. Die vorge-

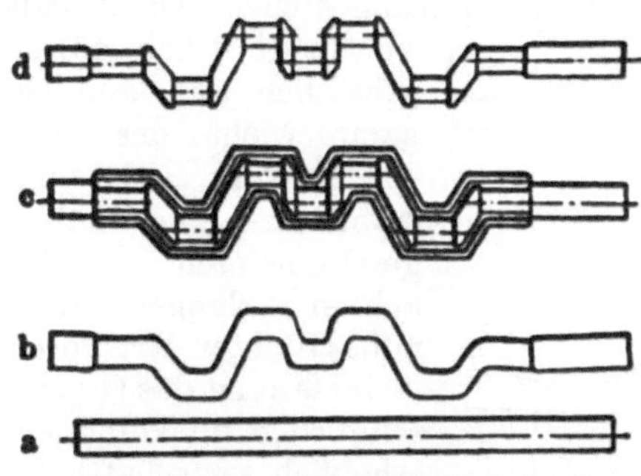

Abb.40. Herstellung einer Kurbelwelle.
a, b, c, d Fertigungsstufen.

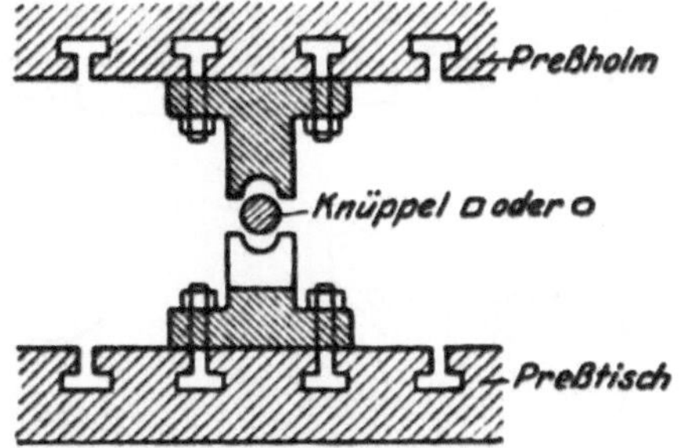

Abb.41. Biegevorrichtung zur Kurbelwelle
Abb.136.

schlagene Kurbelwelle wird jetzt abgegratet (Abb. 43) und meist wieder erwärmt, um einen Schlag in dem Fertiggesenk Abb. 44 zu erhalten. Nach nochmaligem

Abgraten ist sie fertig, bis auf das Verdrehen der Kurbeln gegeneinander. Die Kurbelwangen Abb. 40d bleiben heute vielfach roh ohne weitere Bearbeitung.
   Automobilvorderachse mit einfachem und gegabeltem Kopf. Je nach der Größe der Hämmer, die vorhanden sind, schmiedet man diese Vorderachsen hälftig oder

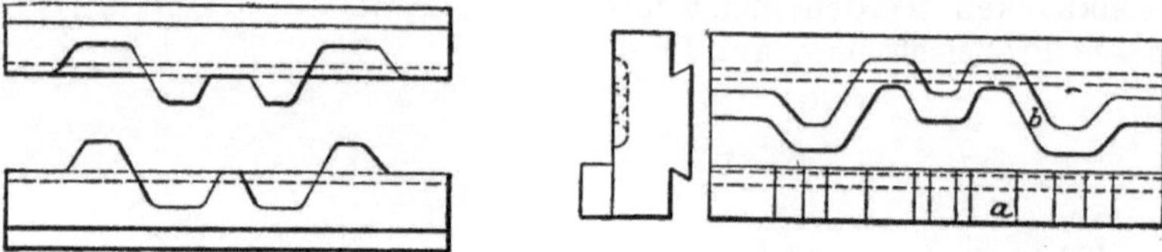

A   B

Abb. 42. Kombiniertes Biege- und Vorschmiedegesenk unter dem Hammer für Kurbelwelle.
A Seitenansicht; B Draufsicht.

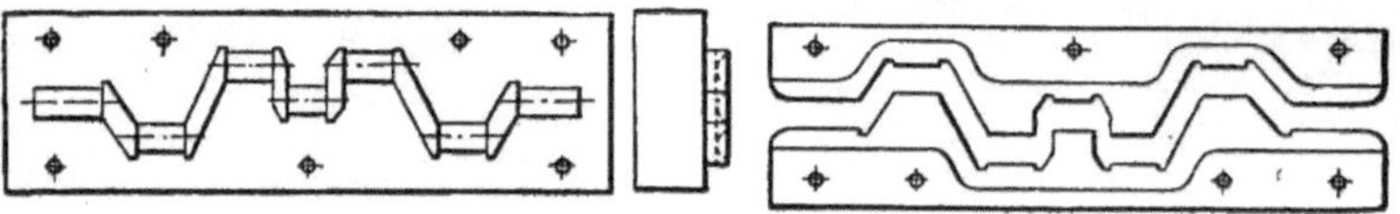

Abb. 43. Abgratwerkzeug zur Kurbelwelle. A Stempel; B Schnitt.

ganz im Gesenk. Die heutigen Gesenkhämmer bis 100000 mkg Schlagleistung gestatten, schwerste Gesenkstücke im Vollgesenk zu schmieden und zwar durch Vor- und Fertigschmieden. Doch sei hier auch das hälftige Gesenkschmieden dieser Vorderachsen dargestellt. Nach dem Vorschmieden der Achse Abb. 45 werden im kleinen Vorgesenk Abb. 46 die Federteller ausgeprägt, da alle Rippen und vorspringenden Teile, wenn sie nicht quer zur Schlagrichtung liegen, vor dem Schlagen im Fertiggesenk vorgearbeitet werden müssen. Darauf wird vorgebogen (Abb. 47) und jedes Ende für sich im Teilgesenk Abb. 48 fertiggeschlagen. Die Länge des fertiggeschlagenen Teiles ist vorteilhaft so groß zu wählen, wie es das Gesenk zuläßt, damit für die weitere

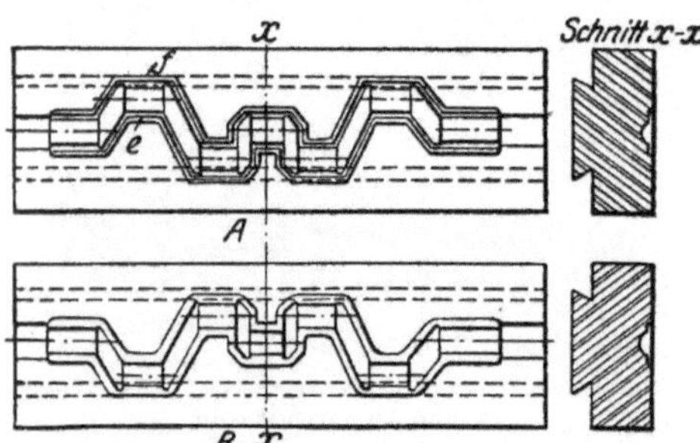

Abb. 44. Fertiggesenk. *A* Obergesenk; *B* Untergesenk; *e* u. *f* Gratflächen.

Bearbeitung des Teiles a—b (Abb. 45) im Gesenk Abb. 49 bereits die vorgearbeiteten Enden d (Abb. 48) hinter den Lappen l als Führung dienen. Die Zugabe von a—b (Abb. 45) ergibt sich aus dem Gesamtgewicht des Rohstückes mit Grat und Abbrand. Die hälftig geschmiedeten Vorderachsen verlangen ein genaues Richten der Achsen. Jedenfalls ist das Gesenkschmieden im Vollgesenk erheblich wirtschaftlicher als hälftig zu schmieden.

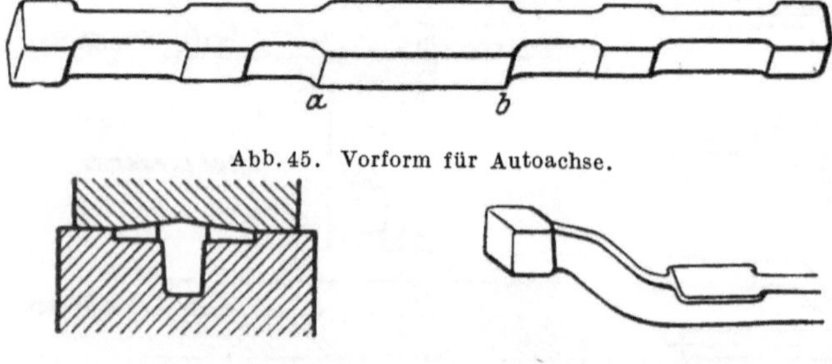

Abb. 45. Vorform für Autoachse.

Abb. 46. Vorgesenk für Federteller.   Abb. 47. Vorbiegen.

Das kann bei sehr langen Teilen vorkommen, wenngleich man das Schweißen in Erwägung ziehen würde. Man macht übrigens die Beobachtung, daß der deutsche

Schmiedefachmann bislang geneigt war, eher unter zu leichten als unter genügend schweren Hämmern zu schmieden, was für den Schmiedeprozeß und die Zeitersparnis günstiger ist. Allzu schwere Hämmer würden natürlich starken Gesenkverschleiß verursachen. Höhere Bärgewichte gestatten kleineren Hub.

Die *Gabelachse* Abb. 50 wird auf dieselbe Weise hergestellt, nur muß man den

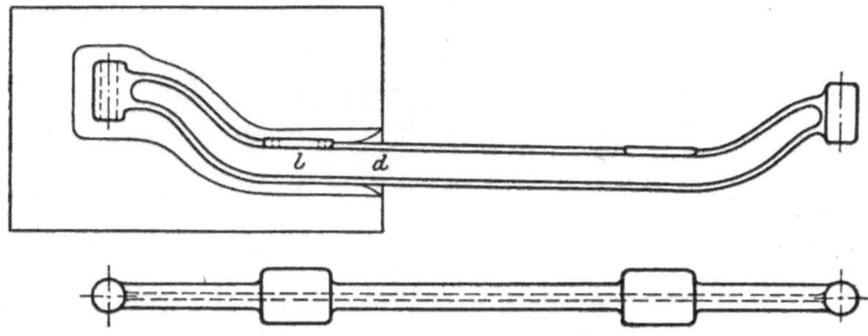

Abb. 48. Fertigform der Autoachse.

Werkstoff beim Vorschmieden in der Form I (Abb. 51) bei e—f einkehlen, die Form a—b herunterschmieden zur Form g—h (II), bei f—i warm einsägen, den oberen Schenkel III abbiegen, ausschmieden und zurückbiegen.

Der Hebel Abb. 52 wird von der Stange geschmiedet, in einem einzigen Gesenkblock vorgereckt, gebogen und fertiggeschmiedet.

b) Das Biegen im Gesenk. Liegt die Biegung nicht in

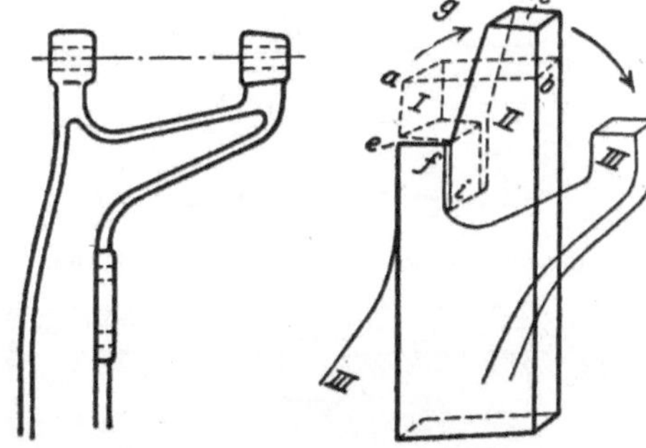

Abb. 49. Gesenk für Mittelstück der Achse.   Abb. 50. Gabelform der Achse.   Abb. 51. Vorform der Gabelung.

der Gesenkebene, so muß in fast allen Fällen das Formstück nach dem Schlagen in einem besonderen Biegegesenk die endgültige Form erhalten.

Ein Beispiel für das *Biegen in einer Ebene* ist der ältere vierbeinige Pufferkorb der Eisenbahnfahrzeuge (Abb. 53), der aus Stahl von 45 kg/mm² Festigkeit geschmiedet wurde. Die Darstellung des Verfahrens hat daher nur geschichtliche Bedeutung. Es ist aber ein interessantes Schmiedestück und soll der später gezeigten Pufferbuchse gegenübergestellt werden. In folgerichtigem Durchdenken des Schmiedevorganges mußte man bei einer solchen Form zum Schmiede-Ziehprozeß kommen. Ein abgesägtes Knüppelende von 125 × 125 mm² Querschnitt, 18···20 % schwerer als das fertige Stück, wird im Gesenk Abb. 54 vorgeschlagen ($d_1 \times h_1 \approx d \times h$), so daß das Werkstück die Form von Abb. 55 erhält (1. Hitze: 750 kg-Dampfhammer oder Presse). Darauf werden die beiden Enden nach Abb. 56 ausgestreckt, wobei in den

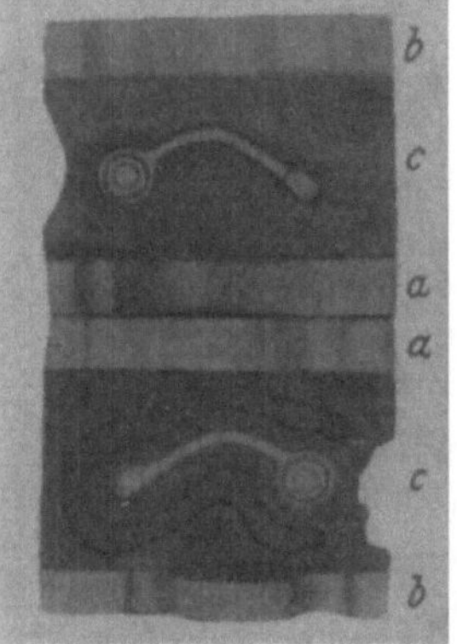

Abb. 52. Gesenk eines gebogenen Hebels. *a* Reckform; *b* Biegeform; *c* Fertigform.

Stärkeverhältnissen der verschiedenen Querschnitte auf die nachfolgenden Biegungen bei a und b in der Weise Rücksicht zu nehmen ist, daß auf der Außenseite der Biegung Werkstoff zugegeben wird (2. und 3. Hitze: 500-kg Dampfhammer). Der so ausgestreckte Teil wird bei l gelocht und von s aus mit der Warmsäge geschlitzt, aufgebogen und ins Gesenk Abb. 57 geschlagen (4. Hitze: 100 kg-Dampfhammer). Auch bei der Form dieses Gesenkes

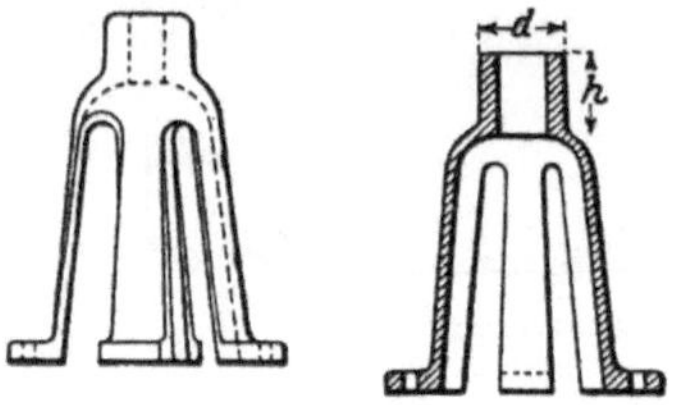

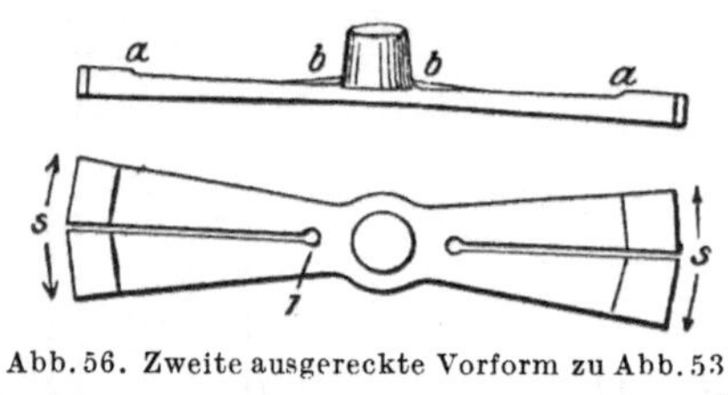

Abb. 53. Pufferkorb.

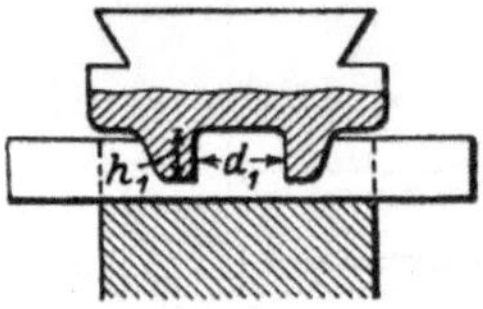

Abb. 54. Erstes Vorform-
gesenk.

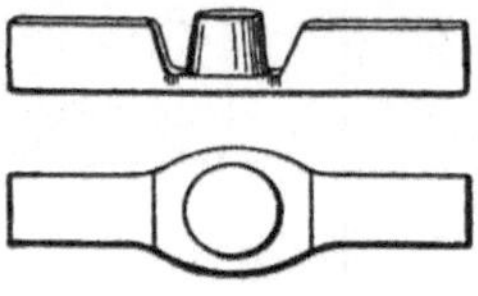

Abb. 55. Erste Vorform
zu Abb. 53.

ist auf die spätere Biegung bei a und b Rücksicht zu nehmen. Das fertiggeschlagene Formstück Abb. 58 wird abgegratet und wandert unter die Presse (150 t-Presse) zum Vorbiegen der Pratzen Abb. 59. Schließlich kommt es in schweißwarmem Zustande in das Biegegesenk Abb. 60 (5. Hitze: 1000 kg-Dampfhammer oder Presse). Das Werkstück muß hier sehr genau in die Mitte des Unter-

Abb. 56. Zweite ausgereckte Vorform zu Abb. 53.

teils gebracht und das Oberteil genau auf das Schmiedestück gesetzt werden, damit die Füße in die Vertiefungen des Oberteils passen. Deshalb nimmt man dieses nach einigen Hammerschlägen wieder ab und untersucht die Richtigkeit der Lage, ehe man den Hammer mit Volldampf arbeiten läßt. Ein angenähertes Vorbiegen ist deshalb sehr zu empfehlen. Hammer und Pressen brauchen für diese Arbeit sehr großen Hub, aber der Hammer hat sich dafür noch am besten bewährt. An den Füßen entsteht beim Fertigschlagen noch ein kleiner Grat (Abb. 60), der mit Meißel und Hammer oder mit Schleifscheibe entfernt

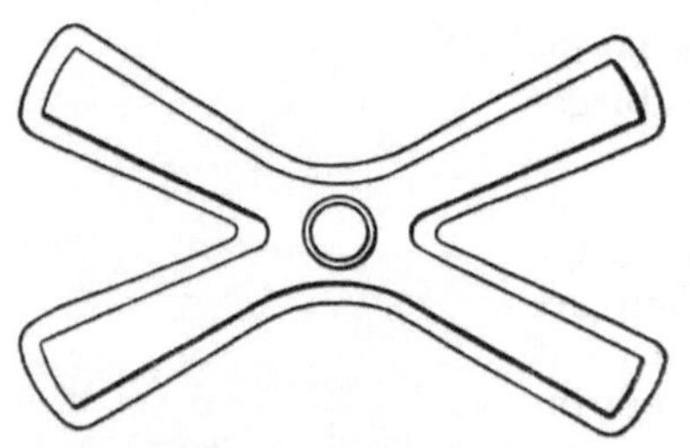

Abb. 57. Zweites Vorformgesenk.

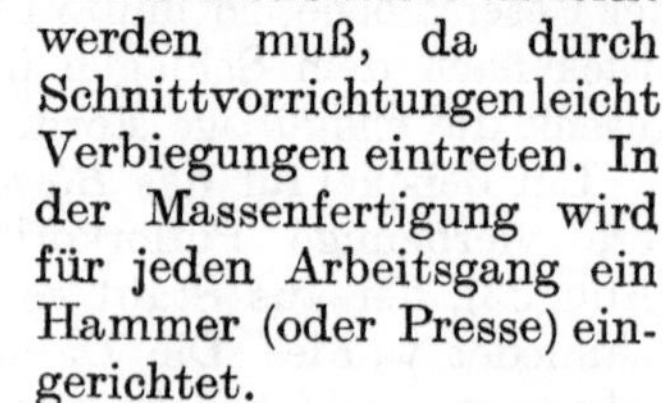

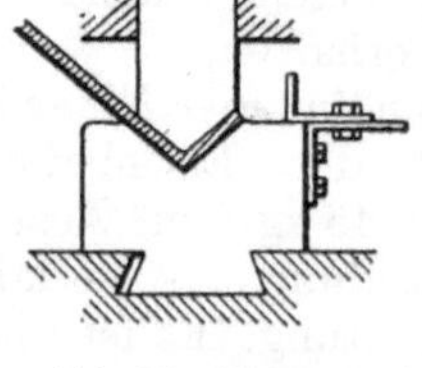

werden muß, da durch Schnittvorrichtungen leicht Verbiegungen eintreten. In der Massenfertigung wird für jeden Arbeitsgang ein Hammer (oder Presse) eingerichtet.

Abb. 58. Dritte Vorform.

Abb. 59. Biegegesenk
der Pratzen.

Beispiel für das *Biegen in zwei Ebenen*: Oft liegen Biegungen in zwei parallelen oder auch nichtparallelen Ebenen. Die Stütze Abb. 61 wird zweckmäßig doppelt hergestellt. Die Gesenkteilung ist nach Abb. 62 durchzuführen. Dabei ist zu beachten, daß die Winkel α und β nicht rechtwinklig, sondern mit wenigstens 110° durchzuführen sind, da sich die Stücke sonst nicht abgraten lassen. Bei gebogenen Gesenkschmiedestücken ist die Frage des Abgratens stets besonders zu beachten und in ungünstigen Fällen lieber erst gestreckt zu schlagen und dann zu biegen.

Herstellung eines Rades mit Doppelkranz. Diese Räder werden ihrer Form wegen gegossen, man kann sie aber auch im Gesenk schmieden. Abb. 63 zeigt die einzelnen Arbeitsstufen und den entstehenden Abfall. Ein Knüppelstück wird vorgestaucht, unter der Presse im Gesenk geschmiedet, wobei ein Radkranz senkrecht nach oben geschmiedet wird, entgratet, gelotet und schließlich der Radkranz flachgedrückt.

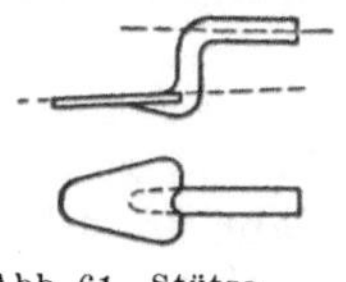
Abb. 61. Stütze.

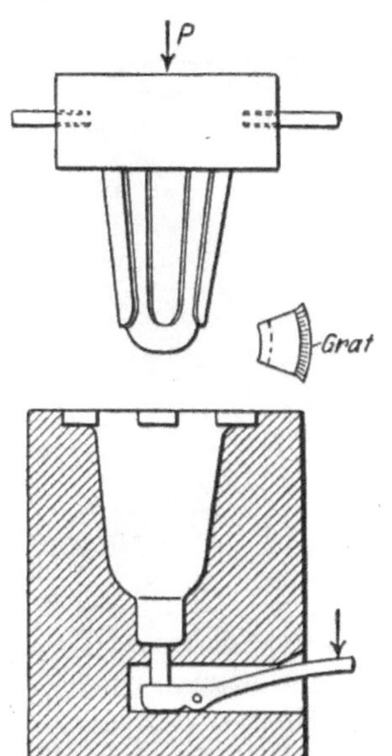
Abb. 60. Biegegesenk der Pufferarme.

c) **Das Biegen nach dem Gesenkschmieden** ist einfacher und billiger und genügt oft den Ansprüchen. Ein Beispiel hierfür ist die Herstellung eines Federbundes (Abb. 64). Biegearbeiten werden auch gern in der Waagerechtbiegemaschine ausgeführt (Abb. 65). Eine weitere Biegearbeit nach dem Gesenkschmieden unter der Waagrechtbiegemaschine zeigt Abb. 66 u. Abb. 67. Der fertige Kettenschäkel Abb. 66 wird kalt in dem Biegewerkzeug Abb. 67 gebogen.

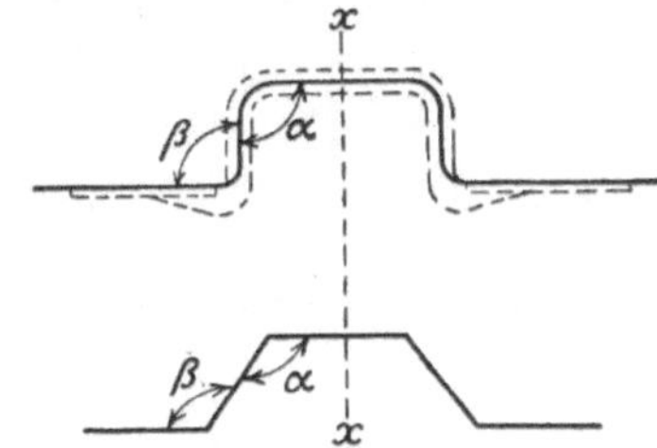
Abb. 62. Doppelschmiedung der Stütze.

d) **Das Falten und Entfalten.** Die wirtschaftliche Herstellung der kleineren Massenteile macht dem Techniker die größte Sorge, nicht die großen massigen Maschinenteile. Da hilft das Falten oft über viele Schwierigkeiten hinweg. Bei der Stütze mit zwei Armen (Abb. 68) verfällt der Schmied leicht auf das Querschweißen. Dieses soll man in der Schmiede nur dort anwenden, wo es technisch einwandfrei und wirtschaftlich ist. Denkt man sich die Stütze zusammengefaltet nach III, so kann man sie aus Rund- oder Vierkantstahl (I) vorschmieden, Zapfen und Bund im einfachen Gesenk vorschlagen und den Oberteil breiten und strecken (II), so daß der Rauminhalt von V mit etwas Überschuß in dieser Vorform enthalten ist. Wenn man nun das Stück im Gesenk schlägt, abgratet und noch warm auf der dünnen Kreissäge nach a—b (III) schlitzt, nach Vorschrift gemäß IV biegt und die Köpfe in kleinem Gesenk nachschlägt, so erhält man die vollendete Form V.

Den Ring Abb. 69 schlägt man nach I im Gesenk vor, schlitzt ihn bei c—d auf der Presse (Abb. 70) und weitet ihn mit

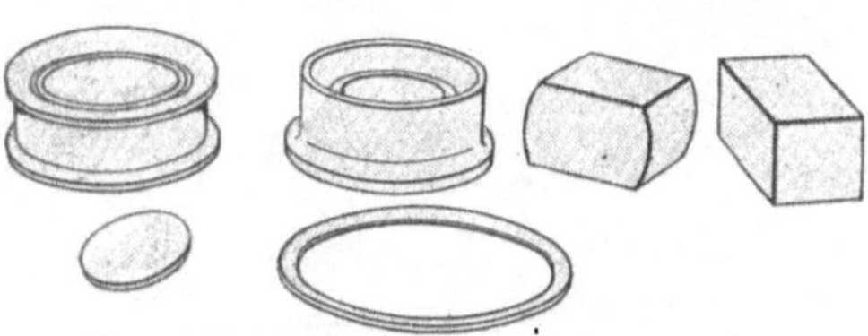
Abb. 63. Herstellung eines Doppelflanschrades.

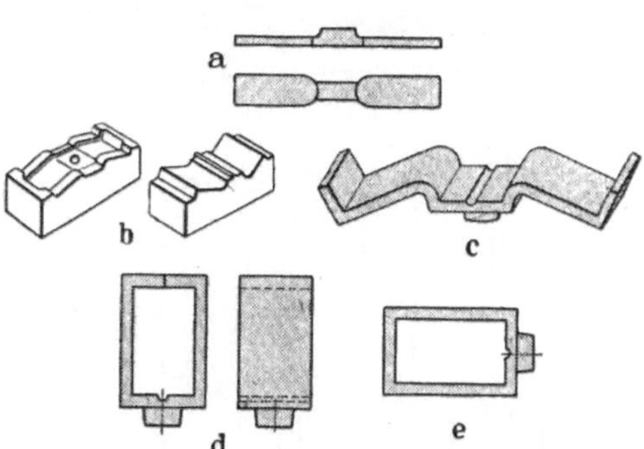
Abb. 64. Herstellung eines Federbundes. a Ausrecken von der Stange (60 mm Durchmesser); b Fallhammergesenk; c abgegratetes Schmiedestück; d unter Exzenterpresse gebogen (c, d in einer Hitze); e fertig geschweißt.

dem Dorn D (Abb. 71) auf. Um ihm die genau runde Form zu geben, kann man ihn auf derselben Presse, nachdem man ihn durch den Dorn von der Form 1 (Abb. 71) in die Form 2 gebracht hat, gleichzeitig im Gesenk 3 fertigschmieden.

Der Federbund Abb. 72 wird in seiner Form I zunächst im Gesenk vorgeschmiedet, dann unter Hammer oder Presse aufgeschlitzt, nach Form II aufgetrieben und Form III ge-

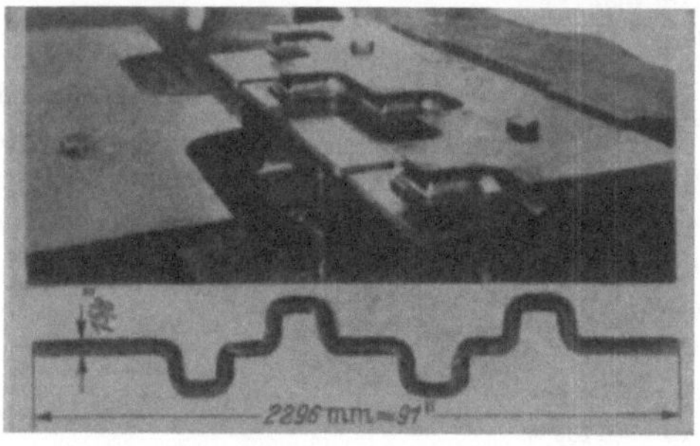

Abb. 65. Biegen einer Kurbelwelle auf Biegemaschine (Bauart Hasenclever).

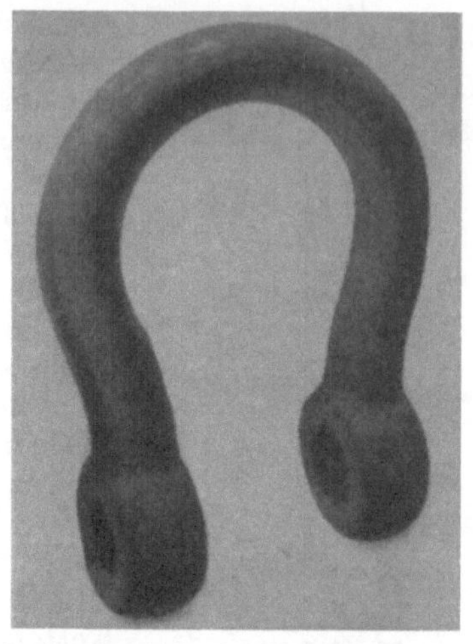

Abb. 66. Kettenschäkel.

Abb. 67 Biegevorrichtung in Biegemaschine.

richtet. Die Bremswelle Abb. 73 wird nach a vorgeschmiedet, dann nach b gesenkgeschmiedet und nach c aufgebogen.

5. Lochen. Beim Einpressen eines Dornes in den knetbaren Rohstoff entsteht am Ende des Hubes

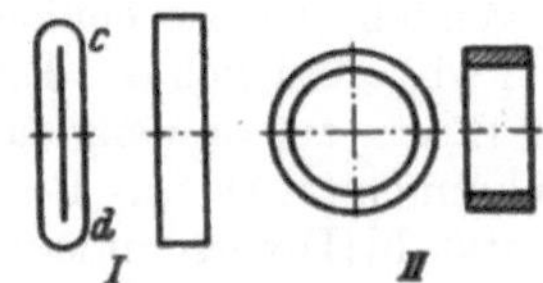

Abb. 69.
Schmieden eines großen Ringes.
I u. II Fertigungsstufen.

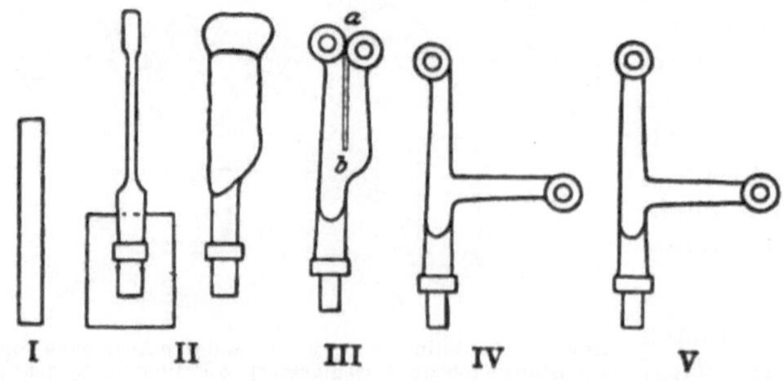

Abb. 68. Schmieden einer Stütze mit zwei Armen. I···V Fertigungsstufen.

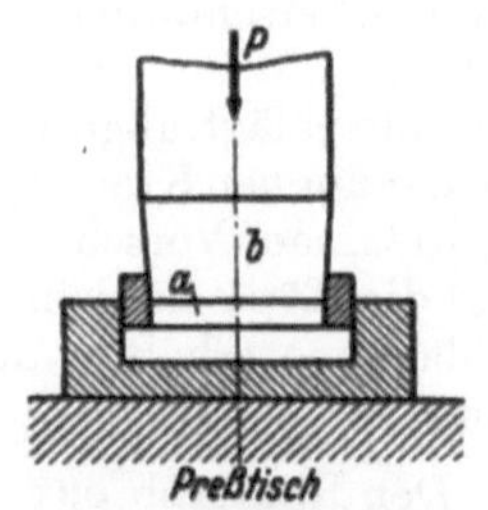

Abb. 70. Schlitzen des Schmiedestückes. a und b keilförmige Messer.

ein Boden oder Grat oder eine Wand (Abb. 74, 75 u. 76), weil der zurückbleibende Werkstoff durch Wärmeabgabe so fest wird, daß er nicht mehr weggequetscht werden kann. Diese Wand muß herausgestanzt werden (Abb. 37 u. 75). Der

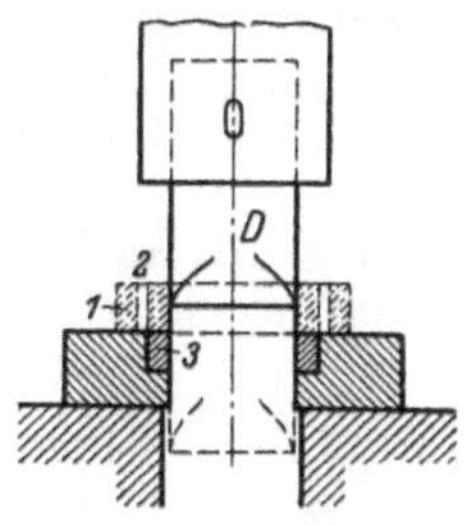

Abb. 71. Aufweiten des Schlitzes. D Dorn.

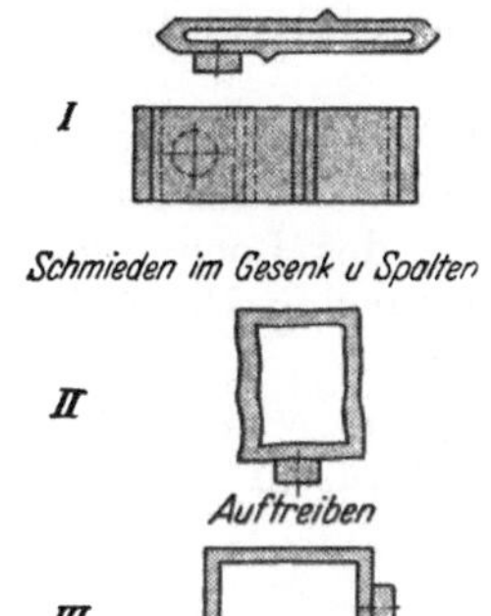

Abb. 72.
Schmieden eines Federbundes.
I···III Fertigungsstufen.

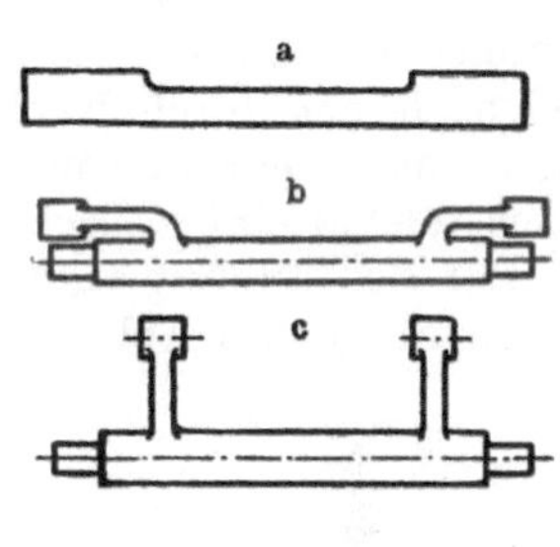

Abb. 73. Schmieden einer Bremswelle. $a \cdots c$ Fertigungsstufen.

Lagerdeckel wird nachher bei $x—x$ (Abb. 76) abgesägt.

Man dornt solche Werkstücke vor, um Rohstoff sparen und den Querschnitt möglichst klein wählen zu können, wodurch wiederum das Vorschmieden vereinfacht und in manchen Fällen ganz entbehrlich wird. Ferner wird durch das Vordornen der Drang besser ausgebildet und eine schärfere Ausprägung der Form erzielt. Jedoch ist vor einer zu weitgehenden Vorlochung zu warnen, da bei zu dünnen Wänden d_1 und d_2 (Abb. 74) der Werk-

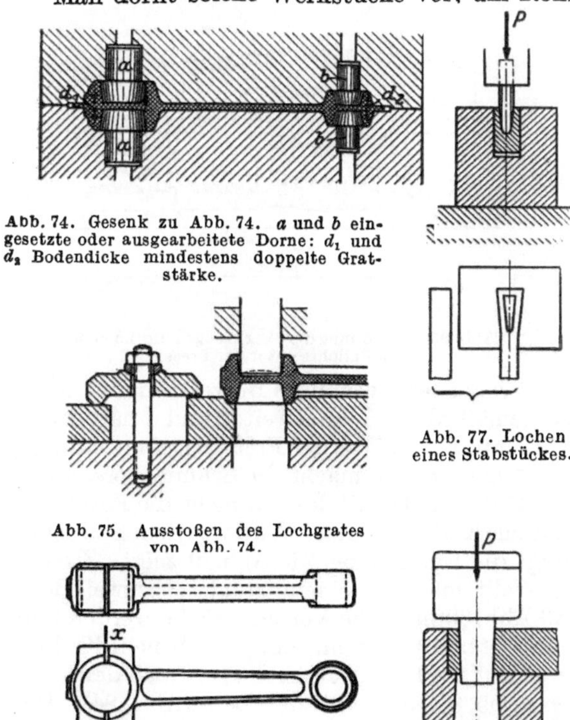

Abb. 74. Gesenk zu Abb. 74. a und b eingesetzte oder ausgearbeitete Dorne: d_1 und d_2 Bodendicke mindestens doppelte Gratstärke.

Abb. 75. Ausstoßen des Lochgrates von Abb. 74.

Abb. 76. Pleuelstange mit Deckel zusammengeschmiedet $x—x$ Trennstelle.

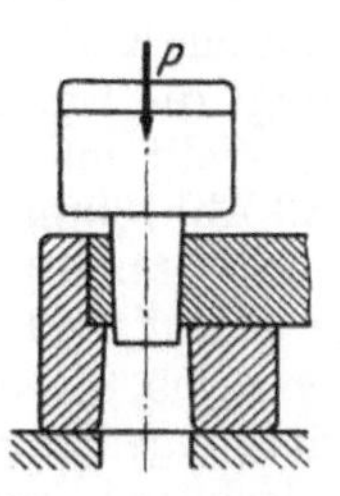

Abb. 77. Lochen eines Stabstückes.

Abb. 78. Aufreiten des Loches für Abb. 77

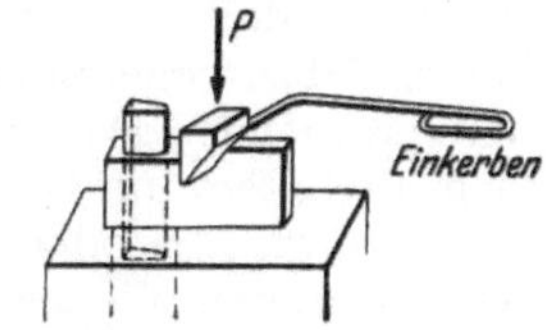

Abb. 79. Einkerben des Stabstückes zur Herstellung eines Beiles.

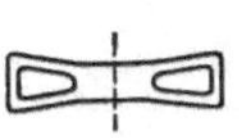

Abb. 80. Doppelschmiedung eines Beiles.

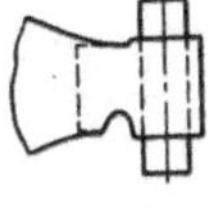

Abb. 81. Breiten des Beiles bei eingestecktem Keil.

stoff kalt und fest wird und die Dorne unter Umständen sogar gestaucht werden. Maße von Dornkopfrundungen findet man in dem Normblatt DIN 75 23. Zweckmäßig werden Dorne aus warmfestem Stahl bis 350° auswechselbar ins Gesenk eingeschrumpft, wie Abb. 74 zeigt. Wenn dagegen Gesenk und Dorn aus einem Stück sind, entstehen am Fuße des Dornes als Dauerbrucherscheinungen rundumlaufende Spannungsrisse.

Durchgehende Löcher kann man beim Schmieden im Gesenk durch Gesenkschmieden mit Dorn und Ausgraten des Butzens, wie in Abb. 74 und 75 gezeigt, erzielen; ferner durch Nachahmung des Lochvorganges beim Freiformschmieden, indem man verschiedene Lochungen von Hand durch die Presse ausführen läßt. Nachstehend einige Lochverfahren.

Bei der älteren Gestaltungsweise von Beilen und Hacken wird ein flacher Stahlstab gemäß Abb. 77 hochkant in ein Gesenk geschoben und gelocht, erst von

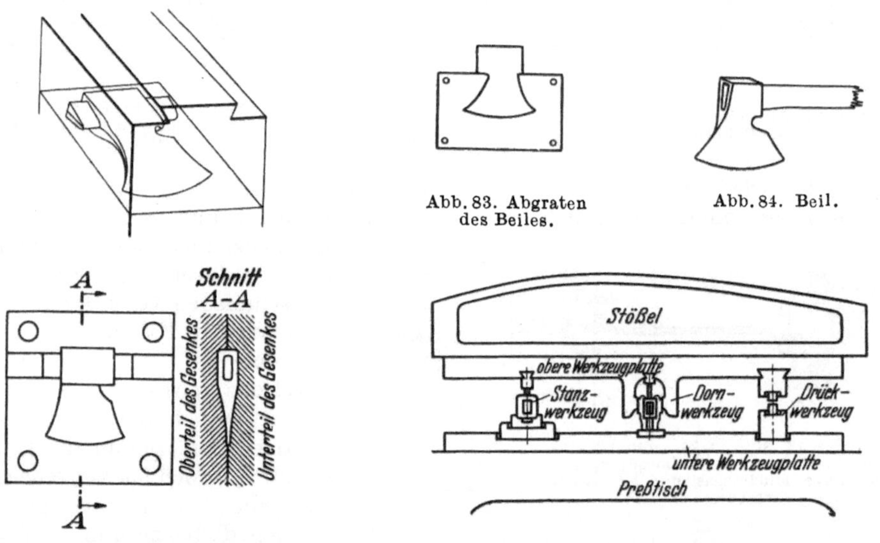

Abb. 83. Abgraten des Beiles.

Abb. 84. Beil.

Abb. 82. Gesenkschmieden des Beiles.

Abb. 85. Anordnung der Werkzeuge zum Lochen eines Beilöhrs unter der Presse.

der einen Seite, dann von der anderen, wobei der sogenannte Butzen gebildet wird. Alsdann wird das vorgebildete Loch gemäß Abb. 78 aufgeweitet und erhält durch einen entsprechenden Dorn die gewünschte Form. Was der Freiformschmied durch Stauchen, Strecken und Glätten des Auges erzielt, macht die Schmiedepresse auf verschiedenen glatten oder schrägen Stücken. Damit das Öhr nicht die Form verliert, wird bei diesem Flachschmieden ein Keil eingesetzt. Wird aus dem Stahlstab nun z.B. ein Beil hergestellt, so erfolgt die Einkerbung wie Abb. 79 zeigt. Zweckmäßig stellt man aus einem Stahlstück zwei Beile gemäß Abb. 80 her. Die Vorformstücke werden nun gebreitet (Abb. 81) und mit eingeschobenem Keil im Auge gesenkgeschmiedet (Abb. 82). Nach dem Abgraten (Abb. 83) entsteht das Beil (Abb. 84). Die Vorrichtungen zum Lochen des Auges sind auf dem Preßtisch und Preßholm der Schmiedepresse nebeneinander angeordnet, so daß der Schmied von einem Werkzeug zum anderen schreitet, bis alle Arbeits-

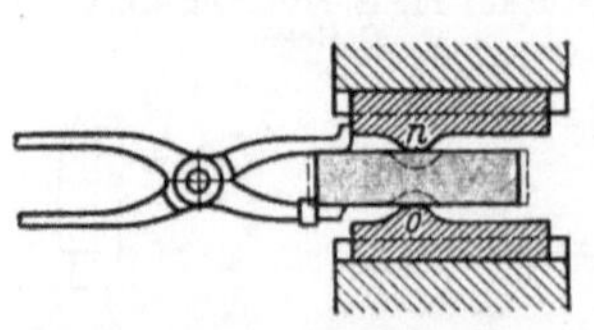

Abb. 86. Drückwerkzeug zur Presse
Abb. 85. *n* und *o* = Druckstellen.

gänge vollendet sind, damit das Auge in einer Hitze fertiggelocht werden kann. Vor dem Breiten und ebenso vor dem Gesenkschmieden wandert die Vorform jedesmal in den Ofen.

Abb. 85 zeigt die Anordnung der Werkzeuge zum Lochen eines Beilöhrs unter der Presse. In Abb. 86 ist das Drückwerkzeug dargestellt, in eine obere und untere Werkzeugplatte eingebaut, in Abb. 87 das Dornwerkzeug. Es handelt sich hierbei um das sogenannte *Klappgesenk*. Die eigentlichen Gesenkbacken sind zweiteilig ausgeführt. In ihm führt sich der Dorn D, der in der oberen Werkzeugplatte L eingekeilt ist. Die Gesenkbacken

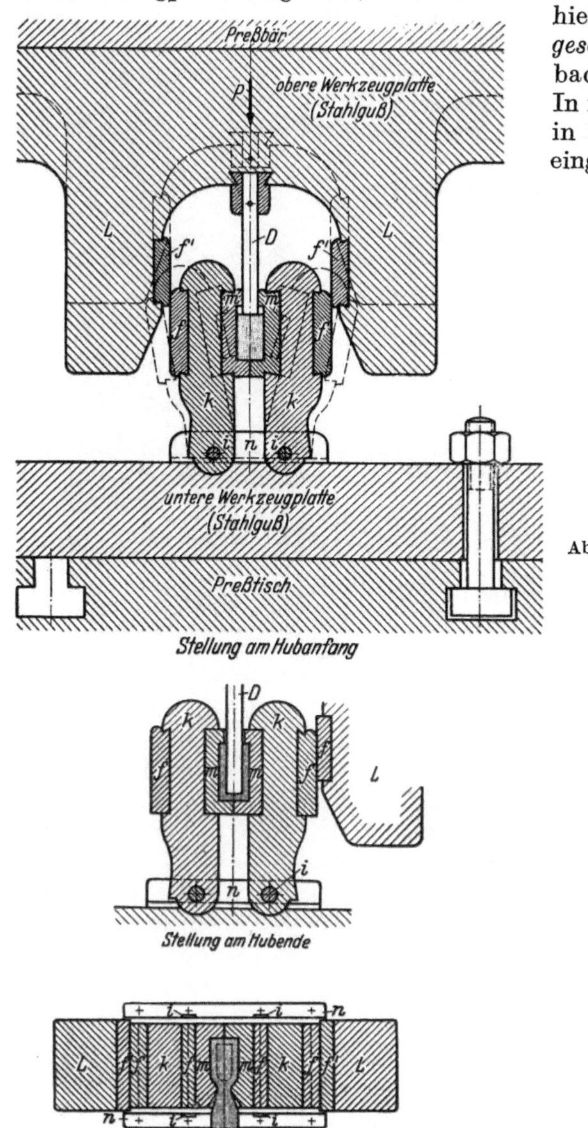

Abb. 87. Dornwerkzeug.
I Stellung am Hubanfang. II Stellung am Hubende.

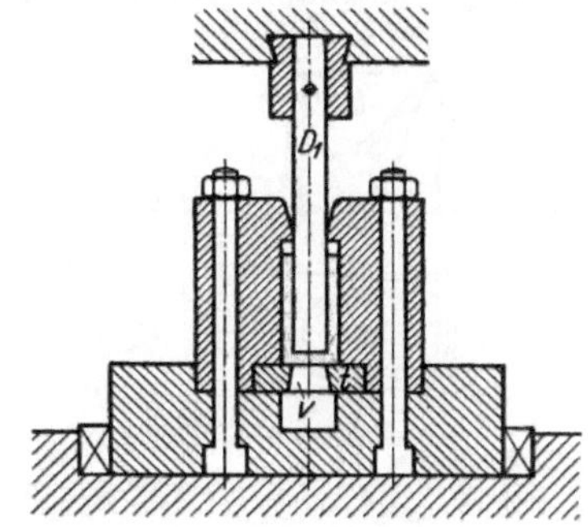

Abb. 88. Stanzwerkzeug zur Presse Abb. 85.

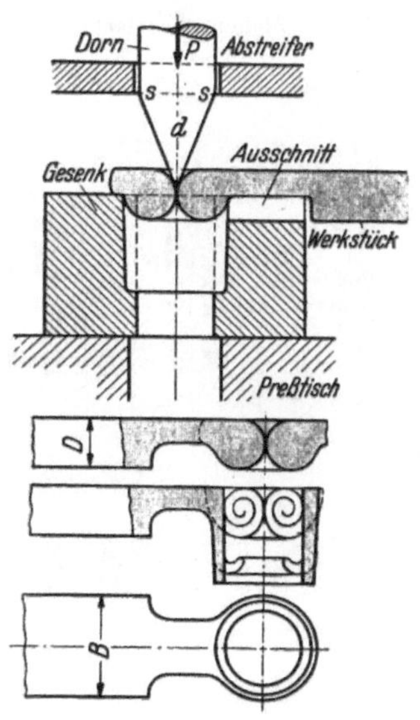

Abb. 89. Ziehen eines runden Auges.

werden von zwei bei i drehbaren Gesenkhaltern k, die in einer besonderen Platte n befestigt sind, gestützt. Die Gesenkhalter haben außen Gleitflächen f, die an den Gleitflächen f' der oberen Werkzeugplatte L entlanggleiten. Die Klappen werden beim Einlegen des Werkstückes auseinandergespreizt (gestrichelte Lage). Nach Beendigung des Druckes wird der Butzen im Stanzwerkzeug Abb. 88 ausgelocht, indem der Dorn D_1 in die Schnittplatte t gedrückt wird. Der Butzen wird dann aus dem Durchfalloch v genommen.

Ein anderes Verfahren, das *Ziehen* von Augen, sehen wir in Abb. 89. Es soll hier ein *rundes* Auge gezogen werden. Wichtig ist die Gestaltung der Vorform. Die gesenkgeschmiedete Vorform wird unter der Presse mit einem spitzen Dorn d in hochwarmem Zustande im Gesenk gelocht. Es ist dargestellt, wie das Öhr sich dabei aufrollt.

Bei *flachrunden* Augen nach Abb. 90 und 91

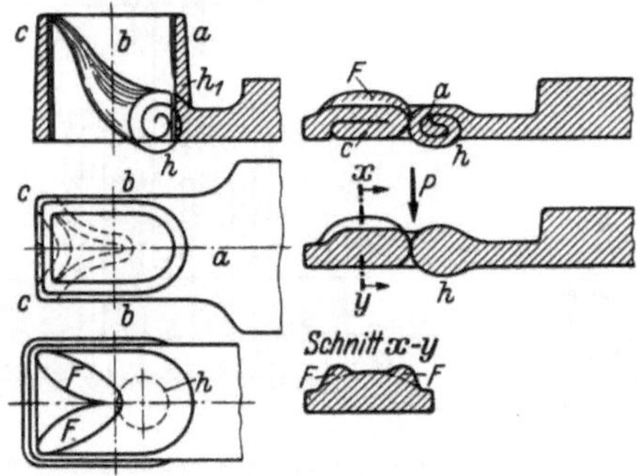

Abb. 90. Ziehen eines flachrunden Auges in Theorie.

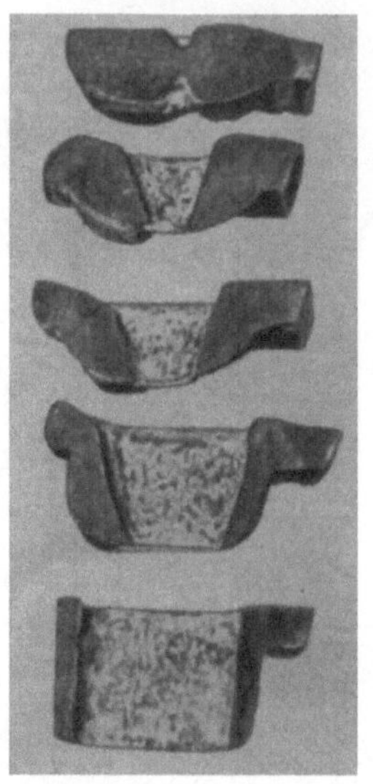

Abb. 91. Ziehen eines flachrunden Auges in Praxis.

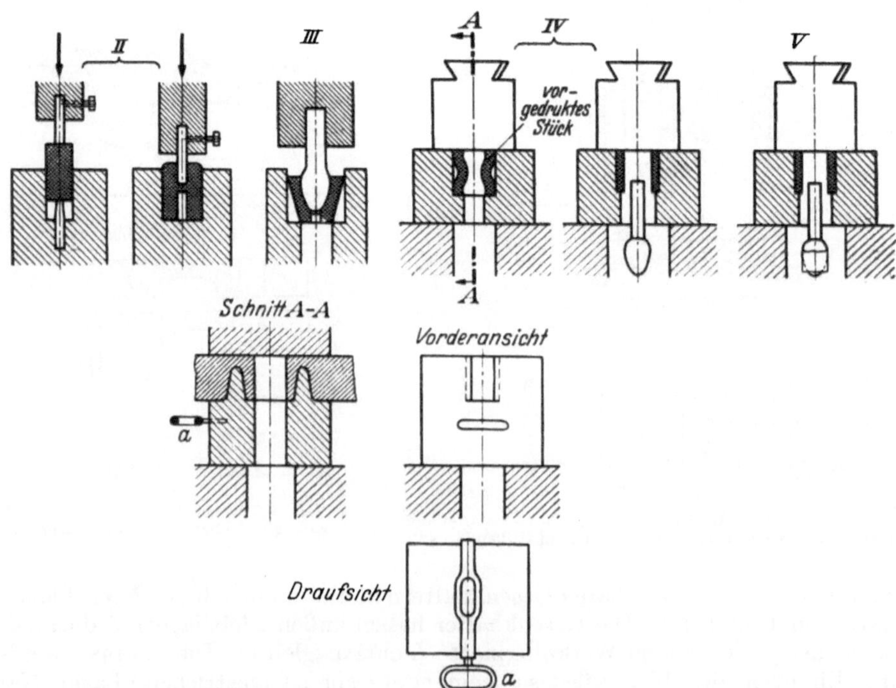

Abb. 92. Herstellung eines ovalen Auges einer Kreuzhacke II bis V.

mit den Seiten a, b u. c ist besonders darauf zu achten, daß die kleine Kugelmütze bei h gut ausgebildet ist, sonst erhält das Auge bei h_1 ein Loch. Dasselbe gilt für die beiden Falten *FF*, sonst fehlt in den Ecken c der Stoff.

Die Herstellung eines *ovalen* Auges einer Kreuzhacke erfordert folgende Arbeitsgänge (ab II in Abb. 92 dargestellt):

I. Schneiden des Vormaterials in Abmessungen 60×30 bzw. 65×30 cm.

II. Spalten des Stahlstabes.

III. Beidseitiges Drücken in ein Gesenk unter der Presse.

IV. Aufweiten des Loches im gleichen Gesenk unter der Presse ohne Herausnehmen des Werkstückes.

V. Fertigziehen des Loches unter der Presse. Es bildet sich hierbei eine Hülle um den Dorn (Abb. 93). Der Dorn wird in Wasser aufgefangen, kühlt sich ab und die Hülle löst sich bei richtiger Form des Dornes leicht ab. Die Oberfläche des gezogenen Loches ist rauh und 0,5 mm kleiner als das Fertigmaß.

VI. Glätten des Loches mit Glättdorn (Abb. 94). Das Gesenk wird dann gewendet und der Dorn unter der Presse herausgedrückt.

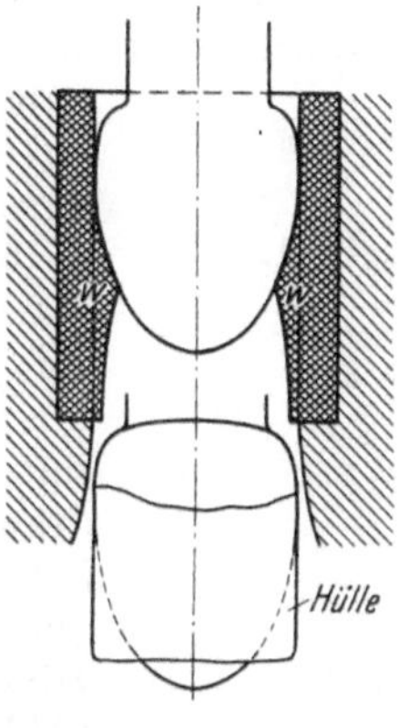

Abb. 93. Hülle am Dorn beim Pressen des ovalen Auges.

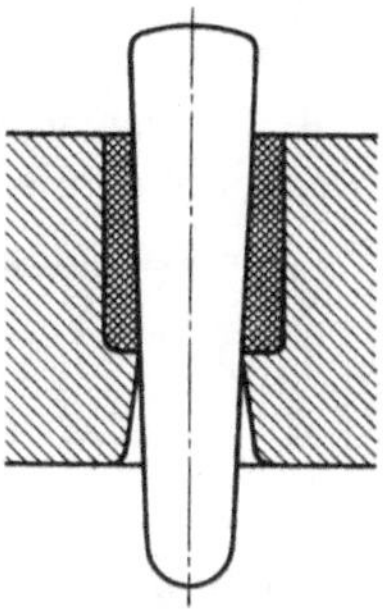

Abb. 94. Glättdorn für das ovale Auge VI.

Abb. 95. Fertig gelochtes Vorstück VII.

Abb. 96. Fertig gereckte Spitze u. Scheide der Kreuzhacke VIII.

VII. Abb. 95. Fertig gelochtes Vorstück.

VIII. Abb. 96. Fertig gereckte Spitze und Schneide der Kreuzhacke.

Anschließend folgt das Härten der Spitze und Schneide, das Überschmirgeln und das Lackieren.

Das Pressen des Auges geschieht entweder im Klappgesenk durch Spalten, Aufweiten und Aufmaßdrücken, wobei man mit schwächeren Pressen auskommt. Stehen aber genügend starke Pressen zur Verfügung, was bei der neuzeitlichen Massenfertigung auch meist der Fall ist, so schmiedet man den ausgeschnittenen Stahlstab hochkant im festen Gesenk und erhält dann gleich die Form nach Abb. 95. Dieses Stück ist dann noch unter einem Abgratschnitt unter der gleichen Presse außen abzugraten und der Butzen in einem Lochschnitt, der gleichfalls unter derselben Presse eingebaut ist, aus dem Auge auszulochen.

Blatthacken werden im Gesenk geschlagen. Man sieht, die Gestaltformung ist recht vielseitig. Der Mensch sinnt nach immer schnelleren und billigeren Verfahren. So muß der Schmiedemann sich auch selbst überwinden können und billige Stanzware verwenden, wenn der Markt es verlangt. Im Bild 97 sehen wir eine solche gestanzte und geschweißte Rübenhacke. Die Arbeitsgänge sind folgende:

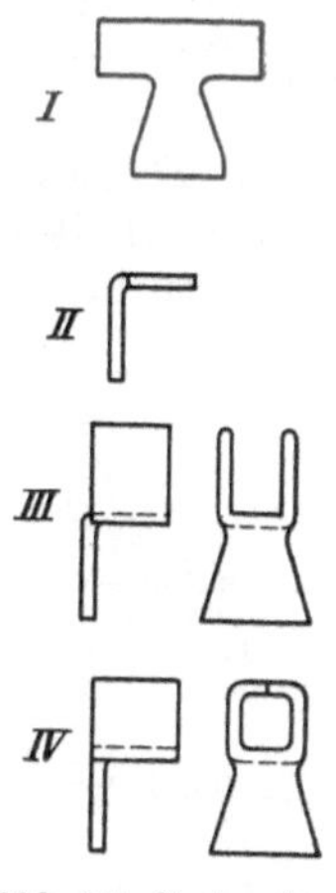

Abb. 97. Gestanzte Blatthacke.

I. Ausstanzen der Form.
II. Lappen zum Auge vorbiegen.
III. Lappen zum Auge weiterbiegen.
IV. Auge fertigbiegen.
V. Naht schweißen.

6. Pressen und Ziehen. Beim Pressen muß man dem herzustellenden Gegenstand eine sorgfältig gewählte Vorform geben. Die *Feder* Abb. 98 wird kalt ausgestanzt und mit einem Druck gratlos warm fertiggepreßt. Mit der Breitung nach dem einen Ende verjüngt sich der Querschnitt.

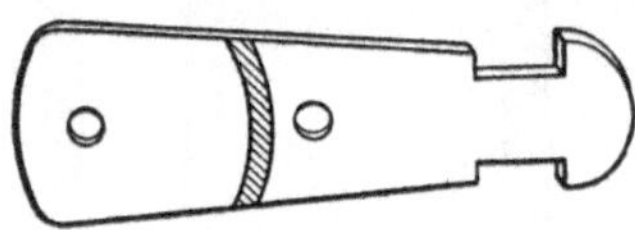

Abb. 98. Feder zum Befestigen von Hämmern, Äxten und Picken am Stiel.

Man kann kleinere *Hülsen* mit Wandstärken von 3···4 mm unmittelbar pressen. Bei größeren Hülsen preßt man gewöhnlich, um genaue, dünne Wandstärken zu erlangen, mit einer senkrechten oder waagerechten hydraulischen Presse, mit Kurbel- oder Spindelpresse einen Block (Rohling) vor (Abb. 99) und zieht die so entstehende Hülse in derselben Hitze auf einer waagerechten hydraulischen (Abb. 100 u. 101) oder auf einer Spindelpresse nach. Man benutzt Ziehringe aus Hartguß, die nur außen — zum Einpassen in den etwas kegeligen Ziehringhalter — und in der Bohrung genau auf Maß geschliffen werden, oder auch allseitig bearbeitete Edelstahlziehringe und zieht mit einem Hub durch alle drei Ziehringe K_1—K_2—K_3. Die Gesenkbüchse wird zur Öffnung um etwa 1% kegelig erweitert, der zylindrische oder wenig kegelige Dorn ist bei Hubende sofort zurückzuziehen, sonst schrumpft die erkaltende, gedornte Hülse schnell auf. Dann greift man mit einer Lochzange (Heft 31, Abb. 68) in die Öffnung des Preßstückes und hebt es heraus. Abstreifer und Ausstoßer wirken bei Massenfertigung selbsttätig.

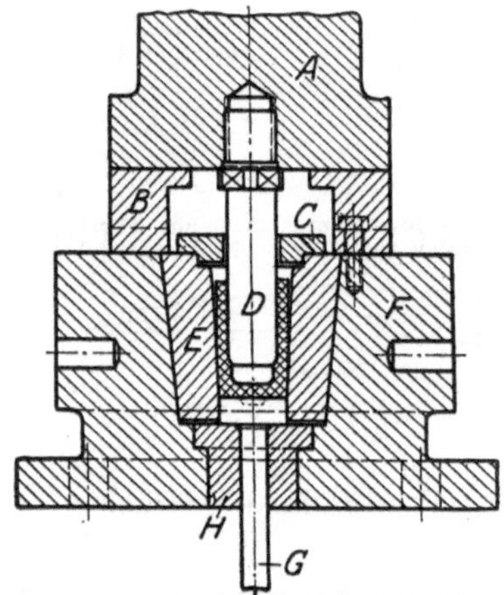

Abb. 99. Dornen auf senkrechter hydraulischer Presse.

A Dornhalter	*E* Gesenkbüchse
B Aufsatzstücke	*F* Gesenkhalter
C Abstreifer	*G* Ausstoßer
D Dorn	*H* Grundbüchse.

Die *Dornkopfform* ist gewöhnlich durch die Bodenform der Büchse, wenn diese nicht bearbeitet werden soll, gegeben (z. B. Form I und II in Abb. 102). Dabei muß man natürlich den größeren Preßdruck in Kauf nehmen. Die beste Kopfform für

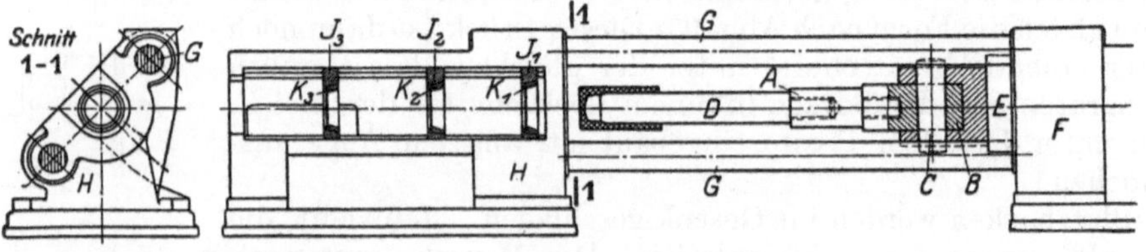

Abb. 100. Ziehen auf waagerechter hydraulischer Presse.
A Dornhalter *B* Schwenkkopf *C* Bolzen *D* Dorn *E* Preßplunger *F* Preßzylinder *G* Säulen *H* Bett *J* Halter K_1, K_2, K_3 Ziehringe.

den Dorn ist diejenige, die sich dem Wege des fließenden Werkstoffes anpaßt (Abb. 103). Ein Dorn nach b zeigt nach einigen Pressungen die Form c, doch reißt er infolge Ermüdung gewöhnlich schon, bevor er diese Form angenommen hat.

Soll also die Form b im Hohlkörper ohne spätere Nacharbeit erzeugt werden, so sind sehr oft die Dorne auszuwechseln, was meist teurer wird als das Nachdrehen der Bohrung des Stückes. Ein Dorn nach a braucht auch den geringsten Druck, und zwar etwa $15 \cdots 25$ kg/mm² bei einem Rohstoff von 60 kg/mm² Festigkeit und 1100° Temperatur; den höchsten Druck bis 45 kg/mm² braucht unter denselben Bedingungen die Dornform d, während der Druck für die Kopfform b dazwischen liegt. Der große Preßdruck bei der Form d erklärt sich aus dem großen Fließwiderstand entlang der langen kegeligen Fläche $m-n$. Vorteilhaft für den Kraftverbrauch ist es, hinter dem Kopf a den Schaft um $0,5 \cdots 0,75$ mm dünner zu drehen, um die Reibung des aufsteigenden Stoffes zu verringern.

Beispiele für die Herstellung von Hohlkörpern.

a) Will man eine Hülse mit Kopfrand (Abb. 104) pressen, so erweitert man das Gesenk oben auf den Durchmesser der gewünschten Kopfform. Die Stärke des Kopfrandes hängt von der vorstehenden Länge l des Werkstoffes ab. Beim Pressen wird erst die Länge l gestaucht und nach außen gedrängt (II), erst dann beginnt das Dornen, bei dem der Kopfrand nicht weiter an dem Fließvorgang teilnimmt, sondern nach oben verschoben wird (III). So entsteht die Randhülse mit etwas kegeliger oberer Fläche, die bei zylindrisch gewünschtem Rande abgestochen werden muß. Man kann auf diese Weise für Hülsen mit

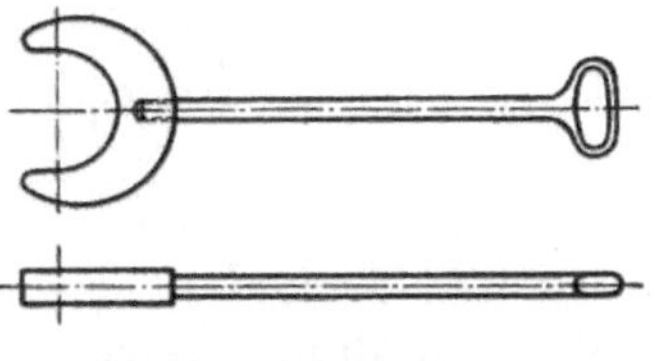

Abb. 101. Abstreifer für Ziehpresse Abb. 100.

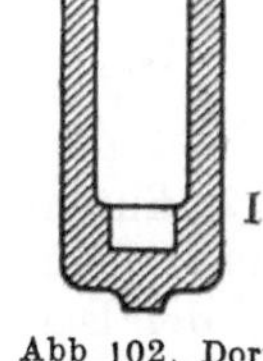

Abb 102. Dornkopfformen. I, II.

Rand, wie sie viel im Maschinenbau gebraucht werden, sehr viel Rohstoff sparen.

b) Abb. 105 zeigt eine offene Büchse, hergestellt auf der Schmiedepresse in vier Arbeitsgängen: Vordruck, Fertigdruck, Abgraten, Lochen.

c) Geschoßhülsen und -köpfe. Bei langen dünnen Dornen (Abb. 104) sind nur Pressen

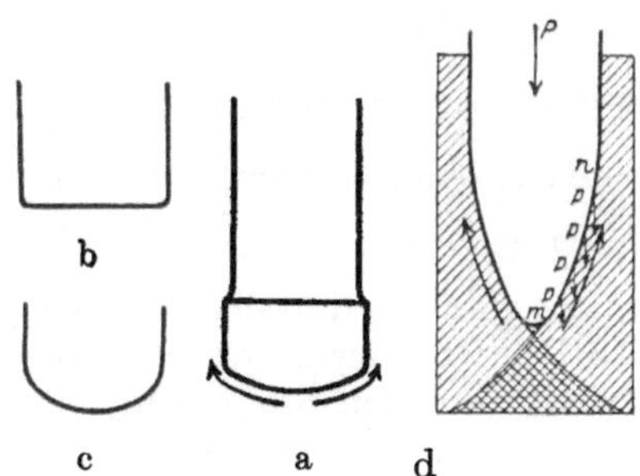

Abb. 103. Preßdornformen $a-d$.

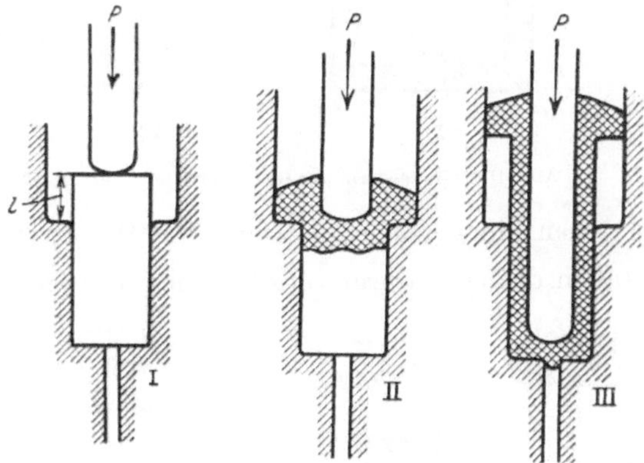

Abb. 104. Stauchen und Pressen von Hülsen mit Kopfrand. I—III Fertigungsstufen.

am Platze, bei dicken kurzen Dornen Hämmer, wobei dem Dampfhammer der Vorzug vor dem Fallhammer zu geben ist wegen der schnell aufeinanderfolgenden Schläge. Die Geschoßkappe (Abb. 106) wird am saubersten unter dem Dampfhammer. Für diese Größe genügen $2 \cdots 3$ Schläge mit einem $750 \cdots 1000$ kg-Hammer (Lederstückchen ins Gesenk und in das Werkstück werfen). Nachdem fünf Stück geschlagen sind, werden sie schnell durch Wasser gezogen, ins Gesenk gelegt, etwas Wasser ins Werkstück gegossen (nicht zu viel) und ein Wasserschlag gegeben.

Abb. 107 wird ebenso geschlagen wie Abb. 106, kommt aber noch einmal ins Feuer und wird von *a* nach *b* unter dem Hammer eingezogen.

d) Einen Hohlkörper, wie z. B. Abb. 108 I, soll man möglichst so schmieden, wie Abb. 108 II zeigt, ohne Warze. Würde man mit Warze *m—m* (Abb. 108 III) pressen, so würde diese, falls Vorschmieden nicht vorgesehen ist, meist unganz werden, d. h. sich in der Fläche *o—o* teilweise ablösen, weil der Werkstoff unter dem Dorn in der Richtung *n—n* fließt.

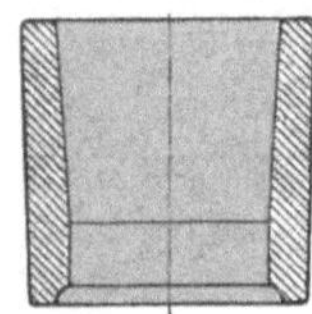

Abb. 105. Büchse.

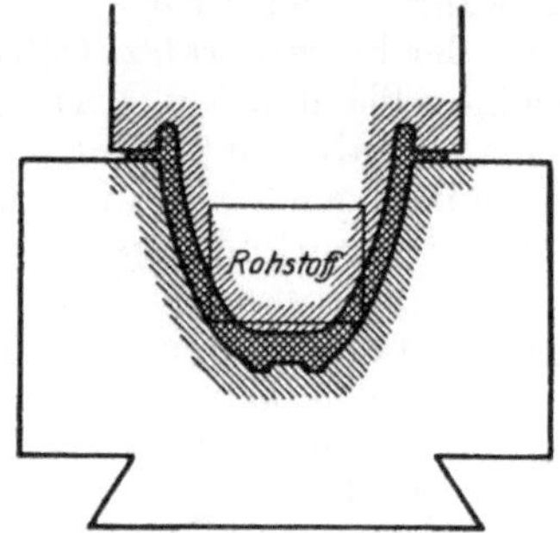

Abb. 106. Gesenk für Geschoßkopf oder -kappe.

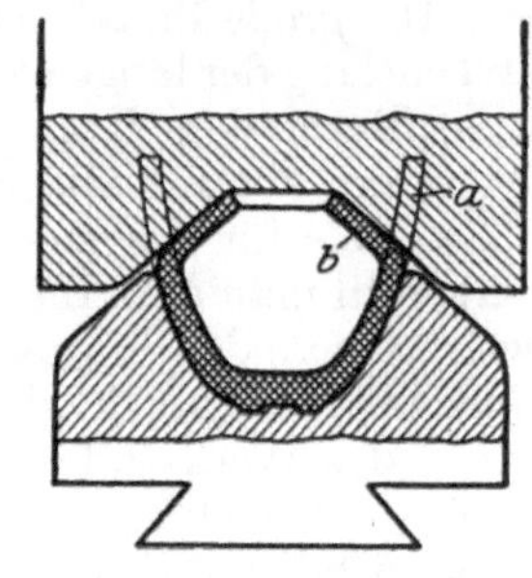

Abb. 107. Gesenk für Geschoßkopf (Tulpenform).

7. Ehrhardt-Verfahren (Abb. 109). Man wählt zur Herstellung einer Hülse vom Durchmesser D und der Länge l einen quadratischen Block von gleicher Länge l und der Diagonale D, so daß er gerade in den Kreis D hineinpaßt und der beim

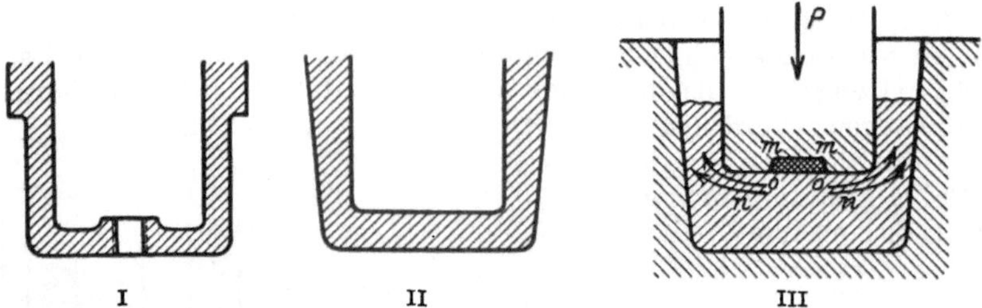

Abb. 108. Bodenform der Geschoßhülse. I fertig; II vorgepreßt; III ungünstiger Preßvorgang.

Pressen hineingedrückte Dorn den Werkstoff in die vier Kreisabschnitte f nach außen drängt. Daraus ergibt sich der Dornquerschnitt $F_d = 4f = D^2 \dfrac{\pi}{4} - s^2$. Es

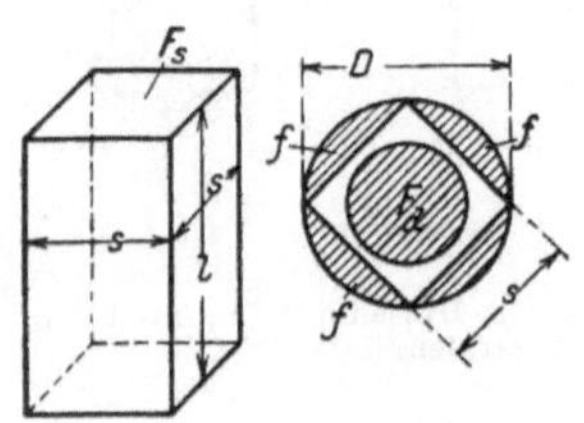

Abb. 109. Ehrhardt-Verfahren.

ist aber ein großer Irrtum, zu glauben, daß man hierbei Arbeit spare, die Staucharbeit ist sogar größer. Man nimmt heute auch Rundblöcke, um den Stauchvorgang zu verringern, oder sonst die etwas billigeren Spitzbogenknüppel (Abb. 110), jene im Durchmesser, diese in der Diagonale um so viel kleiner als den Gesenkdurchmesser, daß das Einlegen des warmen Werkstückes keine Schwierigkeiten macht, d. s. 1···1,5 mm bei kleineren, 2···2,5 mm bei großen Stücken. Die neuen *Bundesbahnpufferhülsen* werden nach Abb. 111 durch Stauchen eines abgetrennten Knüppelstückes von 150—160 mm Durchmesser in vorgeschriebener Stahlgüte und zwar unter einer hydraulischen Presse hergestellt. Beim Eindrücken des Dornes bildet sich zugleich mit der Hülse auch der Teller. Der Grat wird in üblicher Weise entfernt, der Boden ausgelocht oder abgesägt, die Hülse im Inneren spanabhebend oder spanlos durch Ziehen auf Maß gebracht. Auf diese Weise kann man Hülsen, Kappen, Glocken und sonstige Hohlkörper bis zu 2,5—3 mm Wandstärke mit verhältnismäßig einfachen Werkzeugen pressen.

8. **Spritzen** (Warm- und Kaltfließpressen) wird angewandt bei Nichteisenmetallen[1], aber auch bei Stahl, um verhältnismäßig lange und dünne Teile aus massigem Rohstoff herzustellen. Abb. 112 zeigt ein Stück A, das durch einen Druck P im Gesenk zu einem Schaft A ausgespritzt werden kann; in Abb. 113 ist das Anstauchen eines Kopfes an dem Schaft A dargestellt. Abb. 114

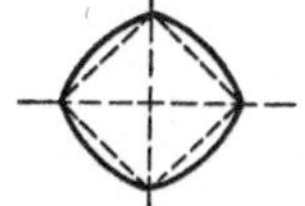

Abb. 110. Spitzbogenknüppel.

bringt dann die Verbindung von Stauchen und Spritzen. Das Spritzen geschieht warm oder kalt.

a) **Warmspritzen eines Doppelzünders.** An dem Doppelzünder Abb. 115 muß der Ringraum R mit einer Toleranz von weniger als 0,3 mm fertiggepreßt

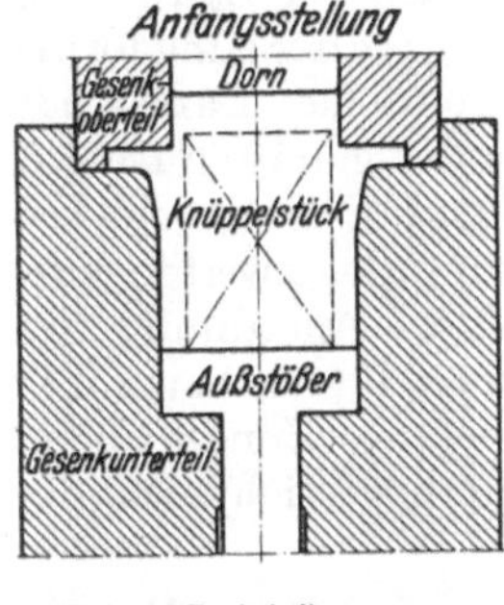

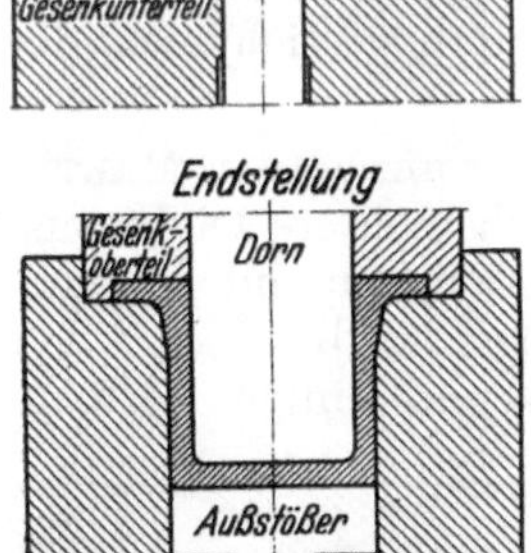

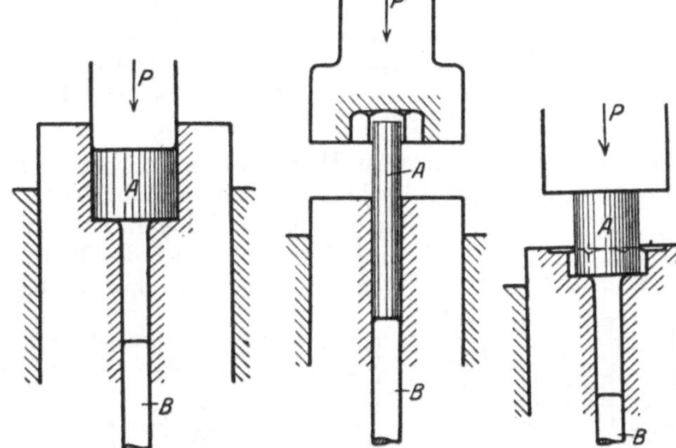

Abb. 111. Herstellung einer Pufferhülse.

Abb. 112. Spritzen eines Schraubenbolzens. B Auswerfer.

Abb. 113. Stauchen des Kopfes zu Abb. 110.

Abb. 114. Stauchen und Spritzen eines Schraubenbolzens

werden, weil die Rippe P für das Zündloch L eine nachträgliche Bearbeitung von R nicht gestattet. Er wird in drei Arbeitsgängen aus weichem Rundeisen vom Durchmesser des oberen Zapfens (I) hergestellt. 1. Arbeitsgang: Anschmieden des Zapfens Z im Rundgesenk auf dem Federhammer (II). 2. Arbeitsgang: Vorform (III) im einfachen Stauchgesenk gestaucht. (Bei Messing — mit schweren Pressen von 200 mm Spindeldurchmesser auch bei Eisen — kann

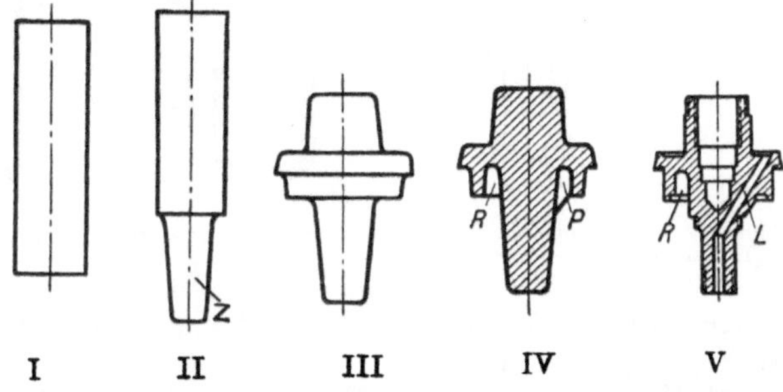

Abb. 115. Herstellung eines Doppelzünders. I bis V Fertigungsstufen.

man Rohlinge von Ballendicke von einer Stange absägen und beide Zapfen ausspritzen.) 3. Arbeitsgang: Fertigpressen (IV) wie beim Dornen von Hohlkörpern,

---

[1] Vgl. Werkstattbuch Heft 41, Pressen der Metalle.

nur daß hier der Dorn selbst auch ein Hohlkörper ist (Ringdorn D, Abb. 116, in den man die Kanalrippe P als Schlitz eingearbeitet hat). Das Gesenk Abb. 116 besteht aus dem Oberteil B_1B_2 und dem Unterteil A_1A_2. Während B_1 im Bär festsitzt, ist B_2 an B_1 beweglich, da es zugleich als Abstreifer dient.

Nachdem die Form fertiggepreßt ist und in der tiefsten Stellung des Obergesenks die Federn F über die etwas geneigte Fläche k von B_2 gegriffen haben, geht der Bär mit B_1 wieder hoch, während die Federn F den Teil B_2 auf dem Werkstück so lange festhalten, bis der Ringdorn D sich völlig vom Werkstück gelöst hat. Dann stößt der Ansatz m von B_1 gegen den geteilten Ring E und nimmt, F zurückdrückend, B_2 mit hoch. Die genau zentrische Ausführung des zweiten Vorerzeugnisses und die richtige Anordnung der Federn verbürgen den Erfolg. Würde bei großer Stoffzugabe der Mantelring des Zünders beim Pressen zuerst gefüllt, so verböge sich leicht der Ringdorn.

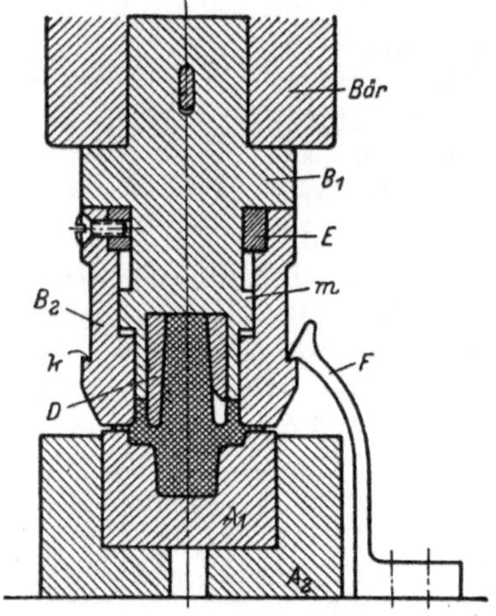

Abb. 116. Preßgesenk für Doppelzünder.

b) Warmspritzen von Hohlkörpern. Nach dem Verfahren von MARTIN MILLER sind auf hydraulischen Pressen in einer Hitze durch mehrere leicht auswechselbare Einlagen mehrere Operationen und verschiedene Formgebungen des Werkstückes möglich. Abb. 117 zeigt schematisch das Verfahren und einige Formen.

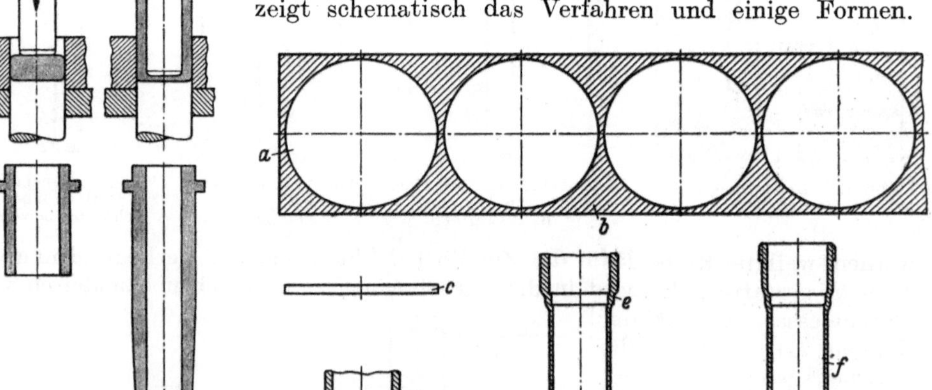

Abb. 117. Warmspritzen von Hohlkörpern nach MARTIN MILLER-Verfahren.

Abb. 118. Ziehen von Hohlkörpern aus Blechen.

Vorteile dieses Verfahrens sind das Fehlen der leicht verschleißbaren Spritzkanten an Ziehring oder Stempel.

c) **Kaltspritzen von Buchsen und ähnlichen Teilen.** Vorausgeschickt sei, daß man grundsätzlich eine Kaltformung von Blechen und Vollmaterial unterscheidet. Das reine Ziehverfahren aus Blech (Abb. 118) bringt beim Ausstanzen der Zuschnitte a einen Werkstoffverlust b von 22 %. Aus dem Zuschnitt c wird in drei Arbeitsgängen auf kaltem Wege eine Büchse f hergestellt. Die guten Erfolge beim

Kaltspritzen von Leichtmetall aus dem Vollmaterial haben nun auch unter Verwendung schwerer Pressen zur Anwendung dieses Arbeitsverfahrens beim Stahl geführt. Meist wird dann das Kaltspritzen im Zusammenhang mit anderen Kaltformverfahren benutzt. Das Kaltspritzen zeichnet sich durch Materialersparnis, durch enge Toleranzen, durch hohe Oberflächengüte aus und benötigt wenig oder keine spangebende Nachbearbeitung.

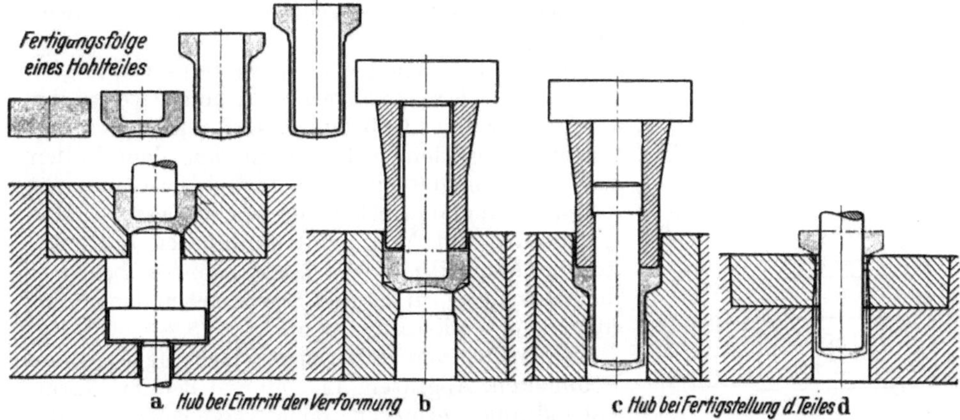

Abb. 119. Kaltspritzen nach Neumeyer-Verfahren.

Nach dem Neumeyer-Verfahren findet zunächst ein Kaltspritzen oder Napfen eines runden Blöckchens nach Abb. 119a statt. Will man an einem derart gespritzten Napf einen starken Flansch behalten, dann schaltet man einen Preßvorgang nach der Methode Neumeyer dazwischen (Abb. 119b und c). Der Ausdruck Fließpressen kommt daher, daß man das Material an einer Stelle preßt, um es an anderer Stelle zum Fließen zu bringen. Beim Napfen ist es genau so. So wird die weitere und oft benutzte Querschnittsverringerung in Abb. 119d im besonderen „Streckziehen" genannt. Der Name „Spritzen" ist nur der allgemeine Name dieser Arbeitsvorgänge. Zwischen den einzelnen Arbeitsgängen sind Glühungen zur Entfestigung des Werkstoffes und Bonderoperationen zur Schmierung der Preßflächen einzuschalten, damit jeweils die größtmögliche Verformung erreicht werden kann. Die Verformung findet in der Spritzbüchse statt. Die Spritzkante in der Spritzbüchse

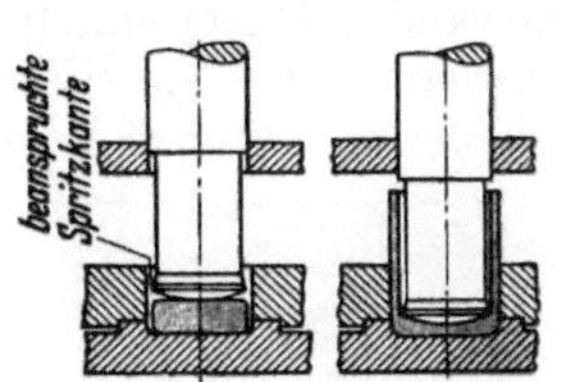

Abb. 120. Kaltspritzen nach Verfahren der Württembergischen Metallwarenfabrik.

erleidet starke Beanspruchung. Der Verformungsgrad ist groß. Man benutzt für das Neumeyer-Verfahren Kurbelpressen.

Das Verfahren der Württembergischen Metallwarenfabrik unterscheidet sich vom Neumeyer-Verfahren dadurch, daß die Spritzkante nicht im Ziehring, sondern im Stempel liegt (Abb. 120). Der Werkzeugverbrauch ist hier geringer. Stempel mit abgenutzten Spritzkanten können durch Auftragsschweißen mit geeignetem Schweißdraht wieder verwendungsfähig gemacht werden. Nach der Auftragsschweißung wird der Stempel ohne weitere Wärmebehandlung fertiggeschliffen. Dieses Verfahren wird ebenfalls unter Kurbelpressen angewandt.

Bei Herstellung von Büchsen ohne Böden, also mit durchgehenden Löchern, müssen die Vorstücke als Lochscheibe (aus gezogenem Stahl) hergestellt werden, im Gegensatz zu Hohlkörpern mit Böden, deren Vorstück ein Napf sein muß.

Büchsen stellt man neuerdings auch durch *Schleudern* her. Das Schmieden ist Formung von knetbar gemachtem Stahl durch Druck oder Schlag, das Schleudern Formgebung von flüssigem Stahl durch Druck. Die spanlose Formgebung verläuft etwa in der Rangordnung: Zerkleinern, Schmelzen, Gießen, Schmieden, Pressen, Walzen, Stanzen. Die Grenzen sind nicht scharf und es werden sich sicherlich im Laufe der Zeit noch andere Arbeitsverfahren entwickeln, wie z. B. das Gießwalzen und die Pulverpreßtechnik.

In Abb. 121 sehen wir ein weiteres vereinigtes Spritz- und Streckziehverfahren zum Zwecke der Herstellung eines Gabelstückes. Man kann den verhältnismäßig kleinen Hohlraum aus dem Vollen bohren, schmieden auf der Schmiedemaschine oder kaltspritzen und streckziehen, wie dargestellt. Mag das Bohren auf Mehrspindelautomaten auch das kostenmäßig billigste Verfahren sein, so bedeutet doch das Kaltspritzen und Streckziehen demgegenüber eine Werkstoffersparnis von 25 %.

9. Richten und Kalibrieren (Nachprägen). Beim Schmieden, Abgraten, Lochen und bei der Warmbehandlung verbiegen oder verziehen sich die Schmiedestücke, man muß sie deshalb warm oder kalt von Hand oder im Gesenk nachrichten. Hierbei werden nur für das Richten notwendige Stellen der Gesenkform ausgearbeitet. Solche Gesenke werden auch zum genauen, kalten und warmen Nachprägen von Spannflächen, Anschlägen oder von Flächen, die man nicht mehr bearbeiten will,

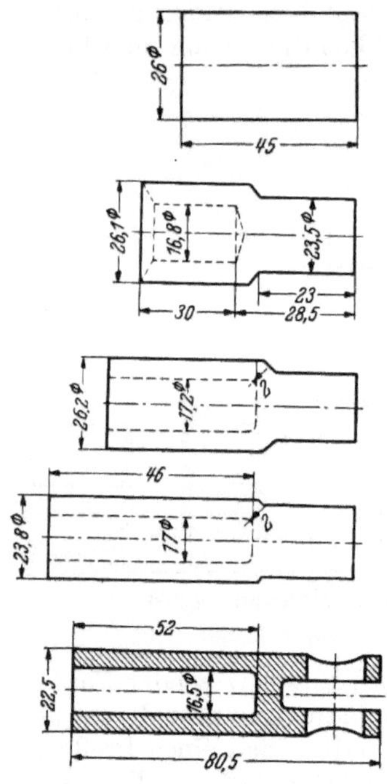

Abb. 121. Herstellung eines Gabelstückes.

angewandt. Dabei erzielt man Genauigkeiten von 0,1···0,2 mm, ja beim Kaltkalibrieren, wenn es sein muß, bis zu einigen hundertstel. Man prägt unter Kurbel-, noch besser unter Kniehebelpressen, also Maschinen mit begrenztem Hub.

In Abb. 122 ist das Kaltprägen von Parallelflächen mit Maßangaben des geschmiedeten und kalibrierten Teiles dargestellt. Außer Genauigkeit wird dabei auch eine Verfestigung des Werkstoffes erreicht. Das Kaltprägen erfordert große Drucke. Ebenso ist es schwierig, die Genauigkeit auf größere Flächen zu übertragen. Deshalb sind grundsätzlich nur kleine Flächen zu prägen. Abb. 123 zeigt die falsche und richtige Anordnung des Kalt- und Warmprägens, wie überhaupt Genauigkeit nur dort gefordert werden soll, wo sie unbedingt notwendig ist.

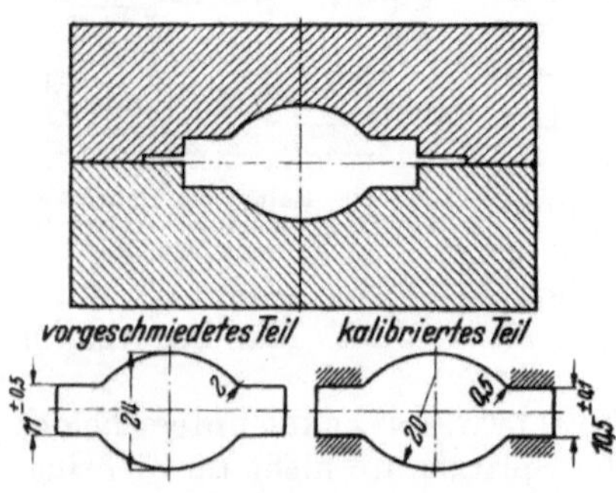

Abb. 122. Kaltprägen von Schmiedestücken.

Ferner ist für Kaltformung einwandfreie Oberfläche notwendig. Kleinste Fehler an der Oberfläche wirken sich äußerst ungünstig aus. Die üblichen Mittel der Zunderentfernung genügen hierbei keinesfalls, um eine einwandfreie Oberfläche bei der Kaltformung zu erzielen.

Abb. 124 u. 125 zeigen das Kaltformen von DIN-Ringschlüsseln. In Abb. 26 ist das Warmformen dieser Ringschlüssel nach dem Spaltverfahren mit anschließendem Gesenkschmieden angegeben. Beim Kaltformen werden die Rohteile aus profiliertem Walzmaterial ausgestanzt, gerommelt oder gesandstrahlt, um jed-

weden Zunder zu entfernen, und anschließend auf einer Spindelpresse kalt geprägt. Die so hergestellten Schlüssel haben eine saubere blanke Oberfläche. Das Material wird durch die Kaltformung verfestigt. Der Werkstoffverbrauch ist zwar 10 % größer als beim Warmformen, jedoch ist die Leistung in der Herstellung doppelt so groß. Außerdem wird Wärme gespart. Das Kaltformen ist eine leichte Arbeit, kann von weiblichen Arbeitskräften durchgeführt werden und ist billiger als das Warmformen.

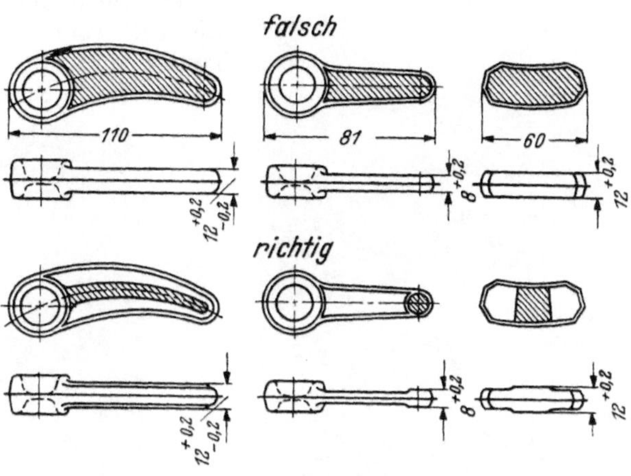

Abb. 123. Kalt- und Warmprägen von Schmiedestücken (falsch-richtig).

10. Stauchen. Breite, tellerförmige Gegenstände mit zentrischem Zapfen, wie Eisenbahnpuffer, Motorventile usw., werden gestaucht. Zu diesem Zweck wird der Rohstoff bedeutend stärker gewählt als die Führungsstange des Stückes, wenn diese verhältnismäßig dünn ist, falls man nicht das Elektrovorstauchen benutzt. Beim *Eisenbahnpuffer* älterer Form reckt man zuerst die Führungsstange (Abb. 126) unter dem Hammer, wobei der Kopfteil für den Pufferteller die ursprüngliche Stärke behält. Dieser wird dann unter dem Hammer in einem drehbaren Gesenk (Abb. 127) unter möglichster Kühlhaltung des Schaftes gebreitet (Ausstoßvorrichtung wie Abb. 60), wobei der obere Recksattel, je nach Pufferform, eine glatte oder gewölbte Bahn hat. Gewölbte Puffer kommen nach dem Abgraten rotwarm in ein Ge-

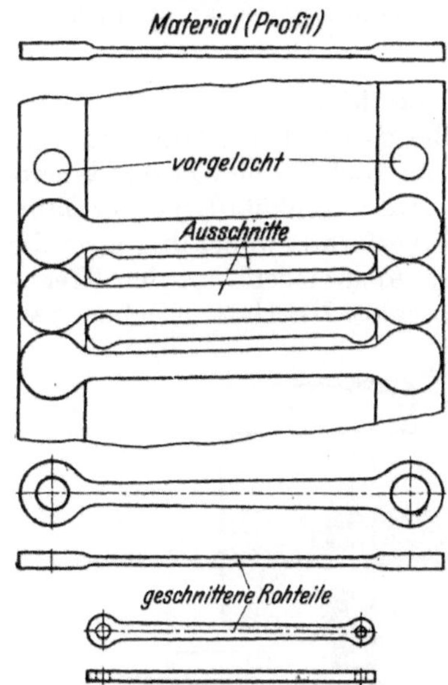

Abb. 124. Kaltformen von DIN-Ringschlüsseln. Rohteile.

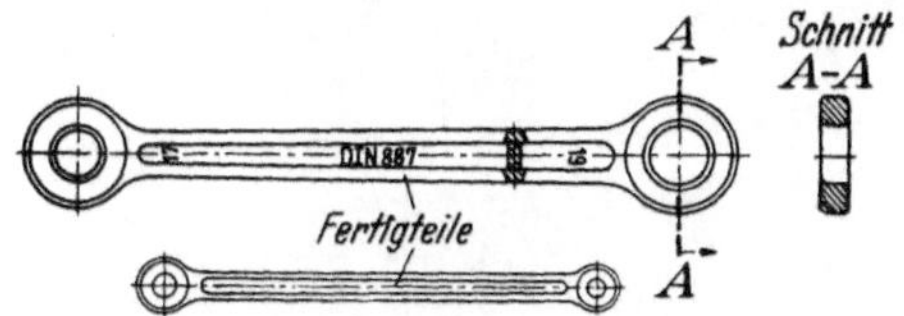

Abb. 125. DIN-Ringschlüssel. Fertigteile.

senk (Abb. 128). Das Querloch am Ende des Pufferschaftes wird im warmen Zustande mit Dornen aus Wolframstahl unter einer Spindel- oder Kurbelpresse gestanzt.

Ventilteller staucht man heute meist in der Elektrostauchmaschine vor und preßt sie unter Spindelpressen fertig. Beim Stauchen von Bolzenköpfen aus Rundstäben (Abb. 129) erfordert die übliche Kopfhöhe eine Schaftlänge vom 2,5fachen des Schaftdurchmessers. Schrauben und Nieten müssen nach Abb. 130 abgegratet werden, damit der Kopf in der Schnittplatte eine Führung erhält. Für diese Arbeiten verwendet man vorteilhaft Spindelpressen, wenn keine Sondermaschinen vorhanden sind.

Für breite Staucharbeiten ist der Hammer

Abb. 126. Recken der Führungsstange beim Eisenbahnpuffer. *a* abgetrennter Rohstoff; *b* Schaft vorgereckt; *c* Recksattel; *d* Schaft fertiggereckt und gerundet.

Abb. 127. Tellerschmieden unter Dampfhammer. *a* Amboß; *b* drehbares Gesenk.

weniger geeignet als die Schmiedepresse bzw. die Schmiedemaschine, die diese Arbeiten in verschiedenen Stufen leicht bewältigen.

B. Arbeiten in der Schmiedemaschine[1].

11. Die Arbeitsweise der Schmiedemaschine. Bei den bisher erläuterten Verfahren des Gesenkschmiedens wurde der Rohstoff im hochwarmen Zustande entweder zwischen zwei Gelenkhälften unter Hammer oder Presse verformt, wobei ihm noch die Möglichkeit des Ausweichens an den Trennflächen der Gesenke als Grat gegeben war,

Abb. 128. Tellerwölben unter Reibspindelpresse.

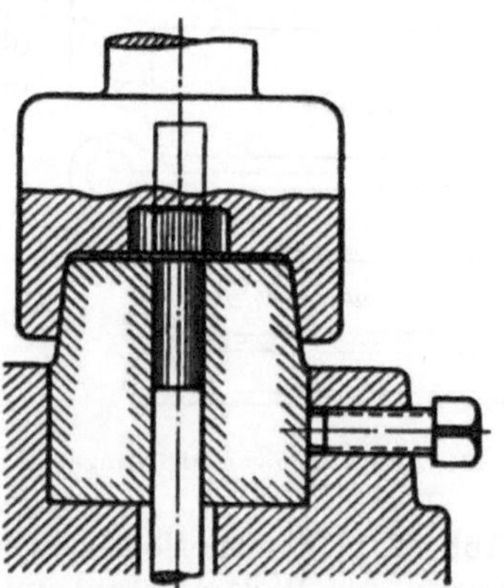

Abb. 129. Gesenk zum Stauchen von Bolzenköpfen.

[1] Die meisten Abbildungen dieses Abschnittes wurden von den Maschinenfabriken HASENCLEVER, SCHIESS-DEFRIES und SACK, Düsseldorf, außerdem Eumuco, Leverkusen, zur Verfügung gestellt.

oder er wurde durch den Druck eines Dornes in einer einseitig geschlossenen Gesenkbüchse in einen Hohlkörper verwandelt. Hierbei traten teilweise Stauch-, Streck- und Spritzvorgänge in Wirkung. Die Gesenke bestanden fast durchweg aus zwei Teilen, einem feststehenden (passiven) und einem beweglichen (aktiven) Teil.

Die Wirkung der waagerechten Schmiedemaschinen beruht nun hauptsächlich auf dem reinen Stauchen. Die Gesenke (Abb. 131) bestehen aus einem Gesenkdorn oder Stempel (D) und zwei Gesenkbacken (A und B), die entweder beide seitlich beweglich oder eine fest (A) und die andere seitlich beweglich (B) sein können. Die Gesenkform in den Backen ist bei a—b etwas enger als der Stabdurchmesser S, so daß die Backen den Stab festklemmen, wenn sie durch die Kräfte q zusammengedrückt werden.

Wird nun der Dorn D mit der Kraft P vorgeschoben, so staucht er den bei c—d lose geführten, preßwarmen Stab I in die Höhlung C der Backen hinein, so daß die Form II entsteht. Der Rohstoff muß die Gesenkhöhlung ausfüllen, da er nirgends ausweichen kann; hierbei entsteht Grat nur infolge ungenauen Zusammenliegens der Gesenkbacken; er tritt also bei hohem Preßdruck nur an den Trennflächen der Backen des unvollkommen geschlossenen Gesenkes dünn heraus, während zwischen Dorn und Backen manchmal gewöhnlicher Grat entsteht, wie beim Gesenkschmieden. Hat dagegen die Gesenkform eine Öffnung nach außen, wie Abb. 132 bei C, so spritzt der durch den Stauchdorn mit der Kraft P ins Fließen gebrachte Rohstoff des Stabes S, der wieder bei a—b festgeklemmt ist, in der Richtung der Pfeile f aus der Öffnung C, so daß die Form II entsteht. Um die Form aus dem Gesenk entfernen zu können, müssen solche Spritzöffnungen in den Stoßflächen der Gesenkbacken A und B liegen. Der zu spritzende Ansatz darf nicht lang sein, da die Reibung des Werkstoffes an den Wandungen des Gesenkes das Fließen stark hindert und ein Ausfüllen der Form nur bei großer Inanspruchnahme der Schmiedbarkeit des Rohstoffes und bei großer Beanspruchung der Schmiedemaschine möglich ist. Der Preßdruck P wird durch eine Kurbel erzeugt, die einen den Stauchdorn tragenden Schlitten unmittelbar oder mit Hebelübersetzung bewegt. Die Kräfte q zum Zusammenpressen der Schlitten, die die Gesenkbacken tragen, werden meist durch Hebelübersetzung von der Kurbelbewegung selbst oder einem besonderen Exzenter abgeleitet.

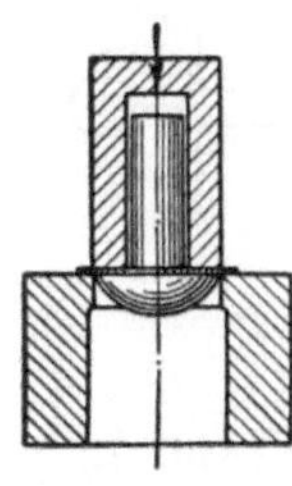

Abb. 130. Abgratwerkzeug für Nieten.

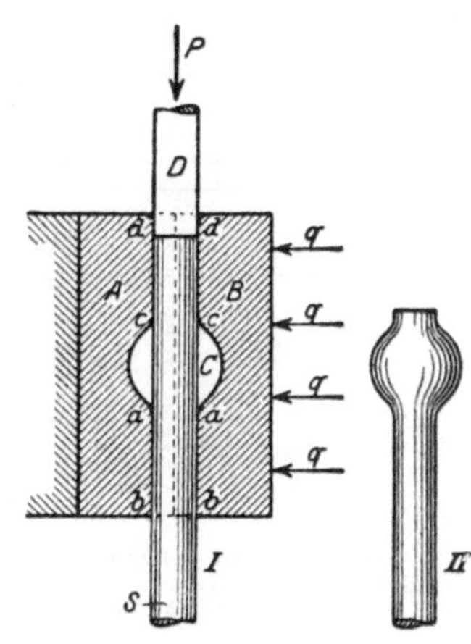

Abb. 131. Stauchen in der Schmiedemaschine. A u. B Gesenkbacken; C Höhlung; D Dorn; S Rohstab; a—b Klemmstelle, c—d lose Stab- und Dornführung.

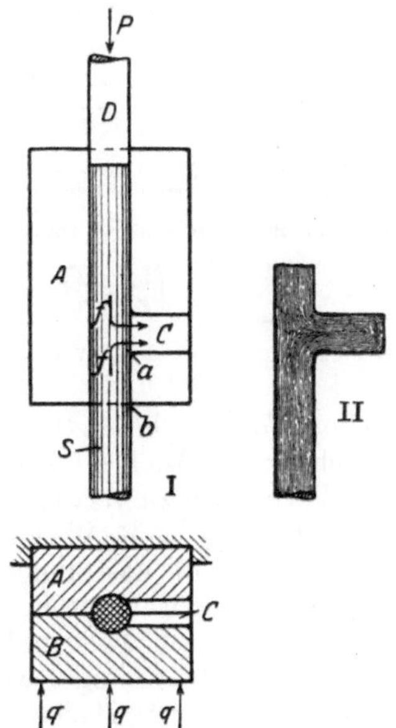

Abb. 132. Spritzen in der Schmiedemaschine. C Öffnung.

Soll ein Stück mit mehreren Anstauchungen, z. B. die Geländerstütze Abb. 133, hergestellt werden, so staucht man in einer, höchstens zwei Hitzen die Verdickungen a und b nacheinander in demselben Gesenk und danach den Fuß c in demselben oder einem besonderen zweiten Gesenk (Abb. 134). Man schmiedet hier also in Richtung der

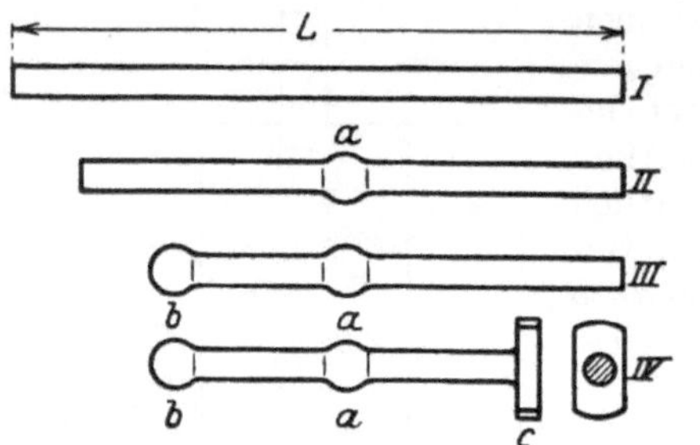

Abb. 133. Herstellung einer Geländerstütze.
I Rohstab; II Anstauchen der Verdickung a; III des Kopfes b; IV des Fußes c.

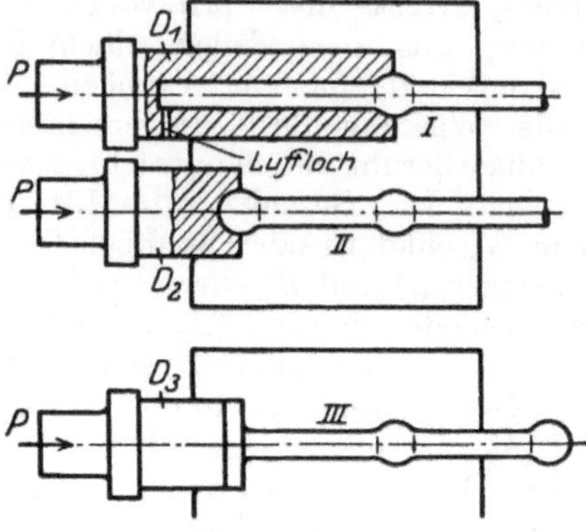

Abb. 134. Schmiedemaschinengesenk.
zu Abb. 133.

Stabachse, dagegen unter Hammer oder Presse quer zur Stabachse (Abb. 135). Aus diesen Grunde sind auf Schmiedemaschinen alle Formen leicht herzustellen, die starke Vergrößerungen der Querschnitte senkrecht zur Stabachse aufweisen. Ist jedoch die Querschnittsvergrößerung gering oder soll die Form bei wesentlich gleicher Querschnittsgröße stark verändert werden (Abb. 136), so muß man die Endform doch durch Gesenkschmieden erzeugen. In Abb. 134 sind für jede Querschnittsänderung die dazugehörigen Backen und Dornformen angegeben; diese drei Gesenkformen I, II und III können bei Maschinen, deren Stößel drei Stempel faßt, in einem Paar Backen untergebracht werden.

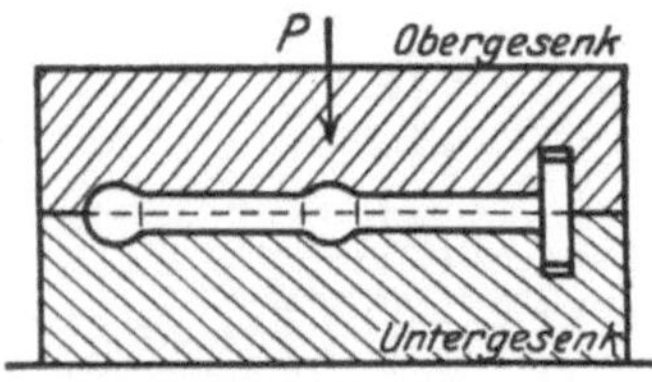

Abb. 135. Hammergesenk zu Abb. 133.

Abb. 136. Querschnitt der Vor- und Endform.

Außer den obigen Stauchungen kann man auf waagerechten Schmiedemaschinen auch Lochungen in Richtung der Achse des Stabes und umfangreiche Biegungen ausführen, außerdem fast alle in der Industrie nötigen, meist konzentrischen Formen herstellen, soweit die Rohstangen 150 mm Durchmesser nicht überschreiten. Auch sind die Maschinen vorteilhaft in Gesenkschmieden für gewisse Vorformen zu verwenden, die sonst nur durch Freiformschmieden hergestellt werden können (z. B. W. B. 31 Abb. 103).

12. Regeln für das Stauchen in der Schmiedemaschine. Die wenigsten Formen werden auf der waagerechten Schmiedemaschine durch einen Druck hergestellt, die meisten durch zwei und drei Drucke. Manche Formen aber brauchen auch noch mehr Arbeitsgänge, wenn nicht alle möglichen Kniffe angewandt werden. Aus Gründen der Wirtschaftlichkeit soll man mit möglichst wenig Arbeitsgängen, d. h. mit möglichst wenig Stauchdrucken, eine Form vollendet herstellen. Natürlich muß der Inhalt der freien Stablänge dem Inhalt des aufzustauchenden Werkstückteiles entsprechen. Die Anzahl der nötigen Stauchdrucke hängt vor allem von dem Verhältnis des Stabquerschnittes zum größten Werkstückquerschnitt ab. Meist ist dieses so groß, daß zwei oder drei Drucke nötig sind. Dann ist es die Aufgabe des ersten Druckes, in der ersten Vorform bereits die ganze erforderliche Werkstoffmenge so zusammenzuballen (der Amerikaner unterscheidet auch beim Stauchen zwischen to gather = zusammenballen, sammeln und to upset = stauchen), daß die nachfolgenden Arbeitsgänge ohne jede Gefahr für Fehlpressung die verwickeltsten Formen ergeben können. Hierbei sind verschiedene *Regeln* zu beachten, bei deren Vernachlässigung sicher Fehlpressungen entstehen:

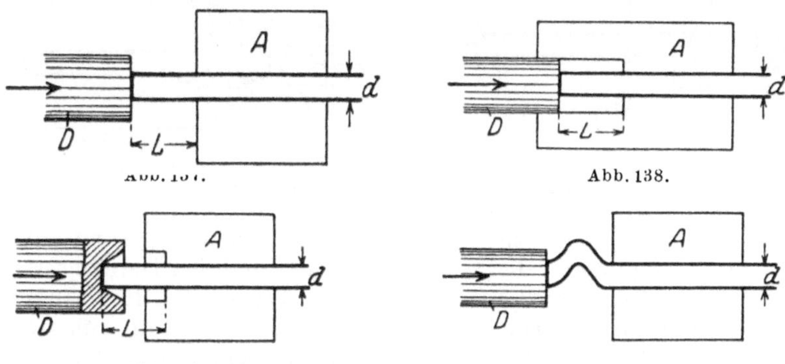

Abb. 137.   Abb. 138.

Abb. 139.   Abb. 140.

Abb. 137—140. Stauchung beim ungestützten Stab. Bedingung $L \leqq 2{,}5 \cdots 3d$.

I. *Beim ungestützten Stab* darf die freie Stablänge L für einen Stauchdruck nicht größer sein als das $2^1/_2$- bis 3fache des Stabdurchmessers d (Abb. 137···140). Dabei ist es gleichgültig, ob das freie Stabende innerhalb oder außerhalb der Gesenk-backen liegt. Ist L zu groß, so knickt die Stange aus, und es entstehen gefaltete, also fehlerhafte Pressungen.

II. *Beim ungestützten Stab* nach Abb. 141 muß $L \leqq 3 \cdots 4d$ sein je Druck, wenn der Durchmesser

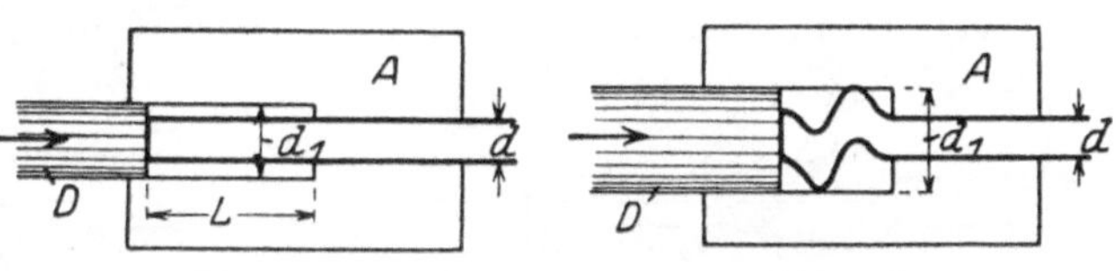

Abb. 141.   Abb. 142.

Abb. 141 u. 142. Stauchung beim ungestützten Stab. Bedingung: $d_1 \leqq 1{,}5\,d$, wenn $L = 3 \cdots 4\,d$.

des angestauchten Stückes $d_1 \leqq 1{,}5d$ ist. In diesem Falle ist das freie Stangenende gegen schädliche Knickung und Faltung durch die Aussparung der Gesenkbacken mit dem Durchmesser d_1 gesichert. Durch stufenweises Stauchen kann man

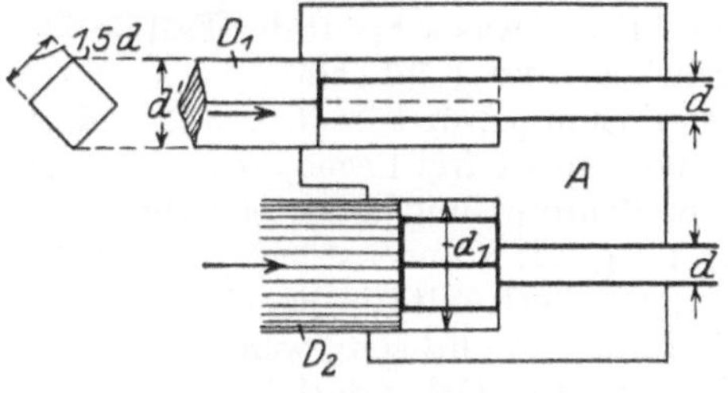

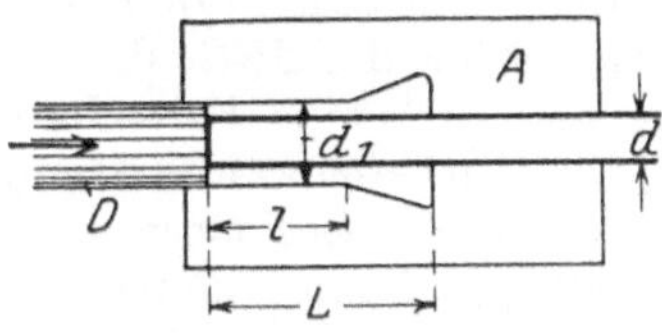

Abb. 143.   Abb. 144.

Abb. 143 u. 144. Kunstgriffe zur Vergrößerung der aufzustauchenden Stoffmenge beim ungestützten Stab.

natürlich ein mehr als $3 \cdots 4d$ langes Stabende zu einem Kopf von mehr als $1{,}5d$ umformen.

Ist $d_1 > 1{,}5d$, so entstehen wieder Faltungen (Abb. 142). Durch Kunstgriffe kann man die in einem Druck aufzustauchende Stoffmenge über die Formel hinaus vergrößern. Zunächst ist das möglich, indem man die runde Stange quadratisch aufstaucht. Wenn man dabei die Quadratseite gleich $1{,}5d$ macht (Abb. 143), was zulässig ist, so ist dieser Querschnitt schon im Verhältnis von $(1{,}5d)^2:(1{,}5d)^2\pi/4$ $=4:\pi\approx27\,\%$ größer als der zylindrische. Beim zweiten Druck kann man dadurch

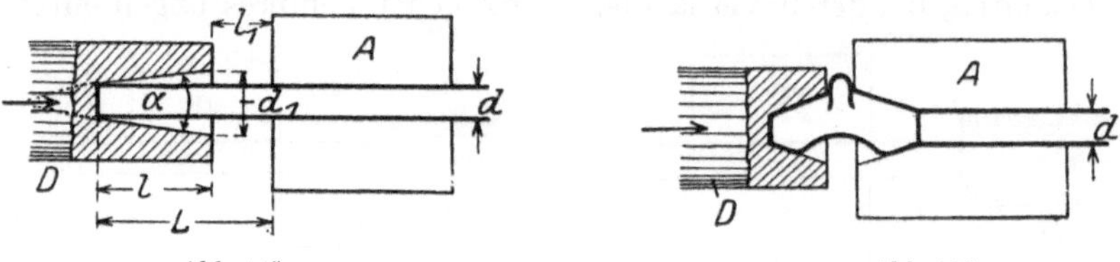

Abb. 145.   Abb. 146.

Abb. 145 u. 146. Stauchung beim gestützten Stab. Bedingung: $d_1 \lesseqgtr 1{,}5\,d$ und $l_1 \lesseqgtr d$, wenn $L = 5\cdots6\,d$.

gewinnen, daß man den quadratischen Querschnitt nun wieder rund aufstaucht und dabei von der Diagonale d' des Quadrats ausgeht und den Durchmesser d_1 der Aufstauchung gleich $1{,}5d'$ macht. Weiter kann man Werkstoff dadurch ansammeln, daß man die Gesenkform am Grunde, wo ein Ausknicken der Stange nicht mehr zu befürchten ist, erweitert (Abb. 144). Bedingung ist jedoch, daß $l > 0{,}5\,L$ ist. Natürlich kann man auch diese beiden Möglichkeiten miteinander verbinden und so eine Unzahl von Formen mit großem Inhalt leicht herstellen.

In Abb. 141 ist es nicht nötig, daß bei $L>3d$ die *ganze* freie Länge des Stabes im Gesenk liegt, es genügt, wenn das Gesenk bis *über die Mitte* reicht, da das freie

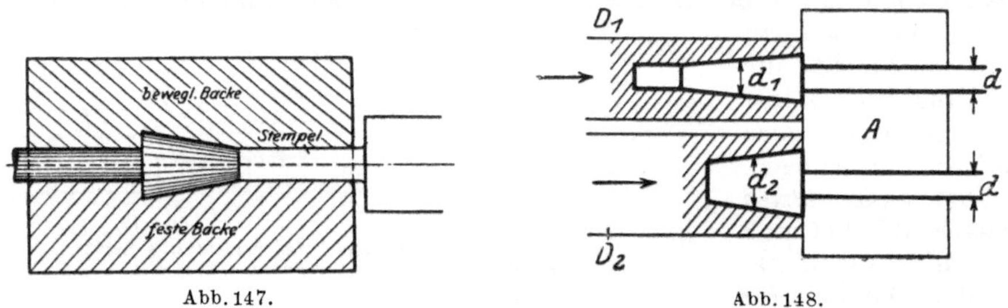

Abb. 147.   Abb. 148.

Abb. 147 u. 148. Kegelige Vorform.

Ende in der Mitte zuerst ausknickt. Auch kann das freie Ende ebensogut in der Form des *Stempels* gestützt werden, wenn diese nur tief genug ist, also $l > 0{,}5\,L$ (Abb. 145). Ist die Stempelform *kegelig* (Abb. 145) — was sehr oft der Fall ist —, so soll der große Durchmesser d_1 nicht wesentlich über $1{,}5\,d$ sein.

Liegt die Form teils in den Backen, teils im Stempel und ist $L > 3d$, so darf ebenso wie vorher die *Mitte* des freien Stabendes nicht frei liegen, weil sie dann ausknickt und sich eine Falte bildet, die eine Fehlpressung bedeutet (Abb. 146). Für das zwischen Gesenk- und Stempelform frei liegende Stangenstück l_1 (Abb. 145), ob im Stempel oder Gesenk gegen Ausknicken gesichert, gilt die Regel:

III. *Beim gestützten Stab* nach Abb. 145 kann $L = 5\cdots6d$ sein, wenn $d_1 \leq 1{,}5d$ und $l_1 < d$ ist. Ist $d_1 \approx 1{,}25d$, so kann $l_1 \approx 1{,}5d$ sein. Dabei darf l_1 nicht in der *Mitte* des freien Stangenendes liegen (Abb. 146); eine Stützung, teils in den Backen, teils im Stempel, ist aber sehr wohl zulässig.

13. Die kegelige Vorform. Durch die letzte Regel wird der Stauchhub sehr beschränkt, zumal wenn die Stauchform ganz mi Stempel liegt. Aber trotzdem wählt man diese Ausführung gern, weil die Form sich im Stempel bequem einarbeiten läßt und lange, dünne Stempel, wie in Abb. 147, unnötig macht. Besonders vorteilhaft staucht man die Vorform im Stempel kegelig: Einmal löst sich dann die Form beim Rückgang der kegeligen Aufstauchung leicht ab; weiter wächst bei der kegeligen Form durch den zunehmenden Querschnitt der Stauchdruck stetig, so daß der Werkstoff gut durchgearbeitet wird und die Form gut ausfüllt; schließlich bringt man durch die Kegelform den meisten Werkstoff gerade dahin, wo er am notwendigsten ist (Abb. 148).

Der große Durchmesser d_1 des Kegels (Abb. 145) und die Längen L und l müssen natürlich so zueinander abgestimmt sein, daß der Inhalt des freien Stabendes gleich dem Kegelinhalt ist. Man erhält

$$d^2\,\frac{\pi}{4}\,L = \frac{l\pi}{12}\,(d^2 + d_1^2 + d\,d_1) \quad \text{und daraus} \quad L = \frac{l}{3}\cdot\frac{d^2 + d_1^2 + d\,d_1}{d^2} = l + l_1.$$

Ist z. B. $d_1 = 1{,}25\,d$ und $l_1 = 1{,}5\,d$, so muß $L = 7\,d$ sein; ist dagegen $d_1 = 1{,}5\,d$ und damit $l_1 = d$, so ergibt die Rechnung $L = 2{,}7\,d$. Damit wird der Spitzenwinkel des Kegels im ersten Falle rd. 3°, im zweiten Falle rd. 17°.

Staucht man den Kegel im Zwei- oder Dreidruck, so kann der mittlere Durchmesser des folgenden Kegels immer gleich dem 1,5fachen des vorhergehenden sein, also ist in Abb. 148: $d_2 = 1{,}5\,d_1$. Diese Abbildung zeigt auch, wie man für die zweite Stauchung durch einen zylindrischen Ansatz am ersten Kegel eine größere Stoffmenge bereithalten kann. Stets soll durch Ausrechnen und Ausproben die freie Stauchlänge so genau gewählt werden, daß so gut wie kein Grat entsteht.

14. Stauchen von Köpfen. Die Kopfform wird entweder ganz in den Stempel verlegt, wie bei dem Sechskantkopf I (Abb. 149), der in einem Druck fertiggestellt wird, oder teils in den Stempel und teils in die Backen, wie bei der Vorform IIa, oder ganz in die Backen, wie bei der Fertigform II des Vierkantkopfes.

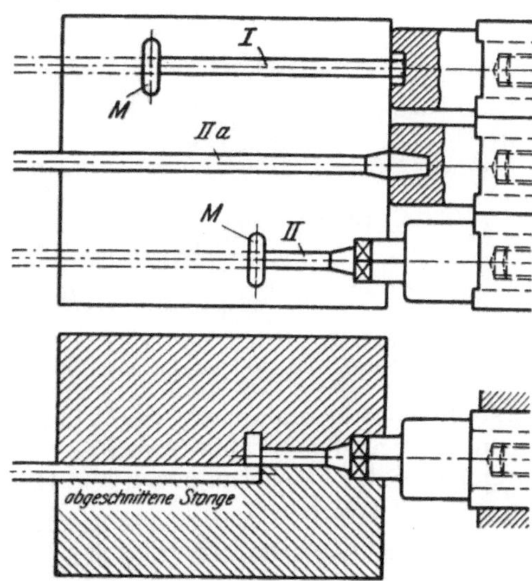

Abb. 149. Stauchen von Köpfen. M Messer zum Abschneiden der Stangen.

Abb. 150 zeigt die Herstellung von Zugstangen in zwei Drücken. Die Gesenkbacken sind schalenartig herausnehmbar in die Gesenkhalter eingebaut. Der

Abb. 150. Herstellung von Zugstangen (Werkzeug nach Kieserling & Albrecht).

Gesenkhalter ist zum zweiseitigen Gebrauch hergerichtet. Die Einsatzgesenke werden durch versenkte Schrauben befestigt. Man kann das Einsatzgesenk auch

im ganzen anschrauben oder ohne Anbohrungen durch versenkte Laschen festklemmen.

Beispiele von Kopfschmiedungen zeigen die Abb.151···154.

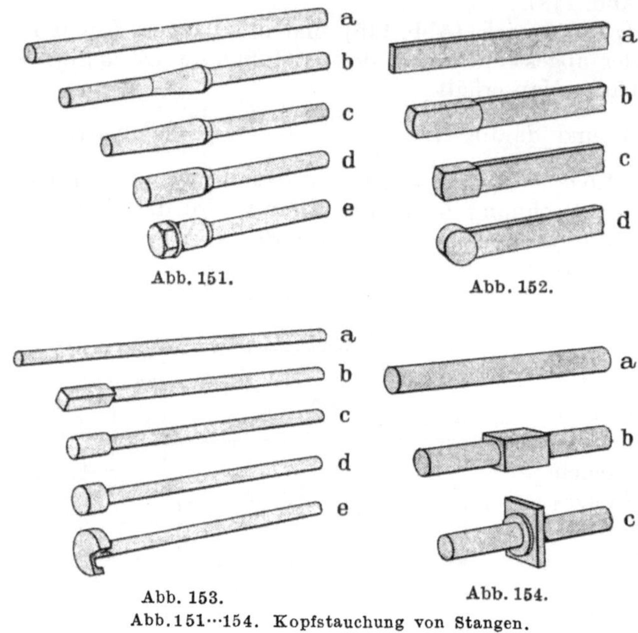

Abb. 151.

Abb. 152.

Abb. 153.

Abb. 154.

Abb.151···154. Kopfstauchung von Stangen.

Die Verbindung zwischen Gesenkhammer- und Schmiedemaschinenarbeit gestattet oft, in sehr wirtschaftlicher Weise ein Gesenkschmiedestück herzustellen. Es sei ganz allgemein darauf hingewiesen, daß in der Vereinigung des Gesenkschmiedens mit anderen Warm- und Kaltformungsmethoden, wie Recken und Gesenkschmieden, Kalt- und Warmstauchen und Gesenkschmieden und Schweißen, Profilwalzen und Gesenkschmieden, Gesenkschmieden und Ziehen, bzw. Spritzen u. dgl., sich zahlreiche Wege einer wirtschaftlichen Herstellung unter einfacher Gestaltung und Anwendung von Gesenken eröffnen.

Im vorliegenden Beispiel Abb.155 wird das Gehäuse zunächst mit kleinerem Durchmesser der Flanschen unter dem Hammer gesenkgeschmiedet. Im Anschluß

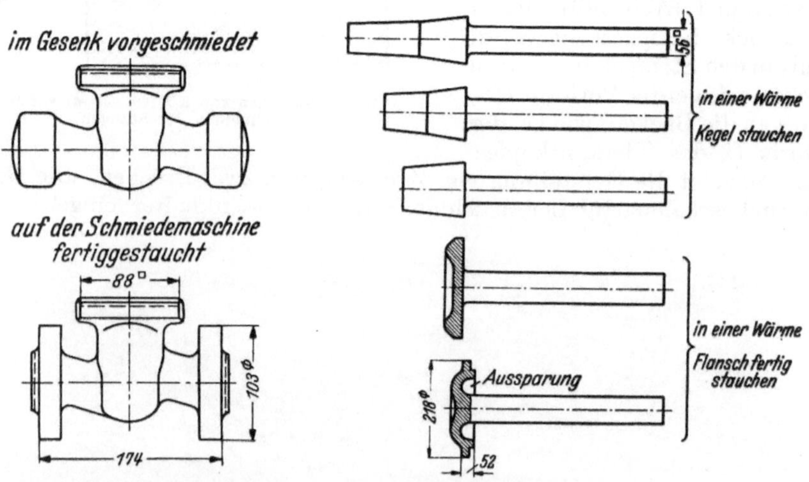

Abb. 155. Kombinierte Herstellung eines Ventilgehäuses.

Abb. 156. Kopfstauchung eines ausgesparten Ventiltellers.

daran werden die Flanschen in der Schmiedemaschine gestaucht. Der kleinere Durchmesser der Flanschen gestattet leichteres Gesenkschmieden und das Stauchen in der Schmiedemaschine vermeidet die Seitenschräge am Flansch.

Abb. 156 zeigt eine breite Kopfstauchung mit Aussparung im Kopf. Das geschieht in 2 Hitzen, bedingt aber eine bewegliche Einsatzbacke für die Schmiedemaschine. Würde man hierbei die linke (bewegliche) Klemmbacke ebenso wie die rechte (feste) Klemmbacke ausführen, ließen sich die Backen nicht öffnen, bzw. das Schmiedestück, u. U.
auch die Gesenkbacken würden beim Öffnen der Klemmbacken zerstört, weil die Aussparung einen Vorsprung im Gesenk besitzt (*b* in Abb. 157), der das Öffnen der Backen verhindert.

Die Klemmbacken sind hier als Gesenkhalter mit Einsatzbacken ausgeführt

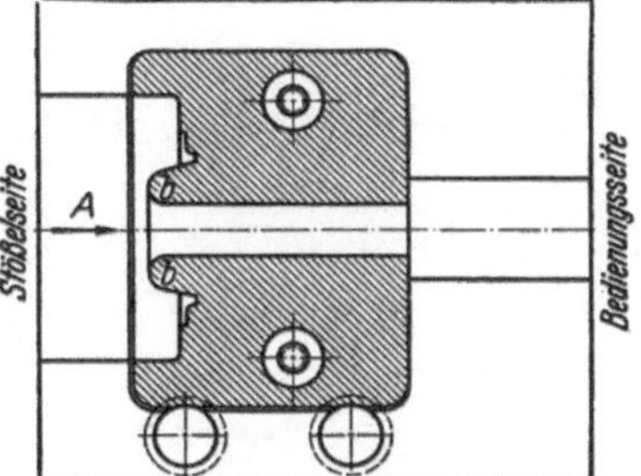
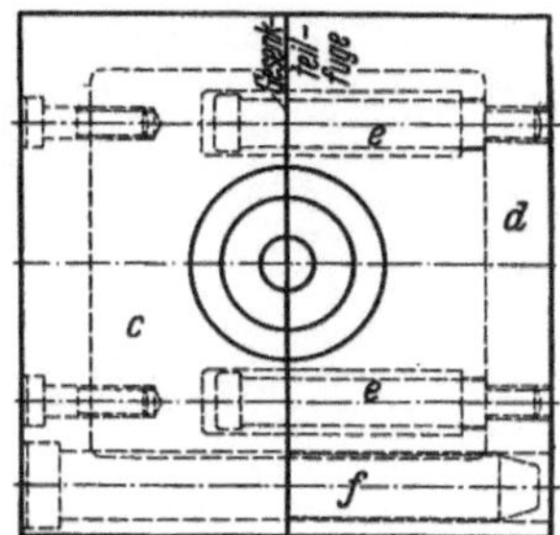

Abb. 157. Klemmbacken für Schmiedemaschine mit beweglichen Einsatzbacken.

(Abb. 157). Die Einsatzbacke im beweglichen Gesenkhalter wird nun frei beweglich vom Gesenkhalter eingerichtet. Das geschieht einmal durch den Gleit- oder Tragbolzen, das andere Mal durch zwei Führungsbolzen. Geht beim Öffnen der Maschine die bewegliche Klemmbacke zurück, so bleibt die bewegliche Einsatzbacke zunächst stehen. In ihr befindet sich das fertiggestauchte Schmiedestück. Dieses wird nun vom Schmied von der Bedienungsseite soweit nach der Stößelseite von Hand vorgeschoben, daß der Gesenkvorsprung *b* der Aussparung nicht mehr das Öffnen der beweglichen Einsatzbacke hindert, die dann leicht von Hand durch den Schaft des Schmiedestückes beiseite gedrückt werden kann und nun das ungehemmte Herausnehmen des gestauchten Schmiedestückes gestattet.

Kurze Teile legt man in einen Halter *h* (Abb. 158) in die üblichen geteilten Klemmbacken ein. Beim Schmieden wird in diesen Halter das genau abgesägte und erhitzte Material eingesetzt. Der Halter wird in die Klemmbacken eingebracht und nun in üblicher Weise gestaucht.

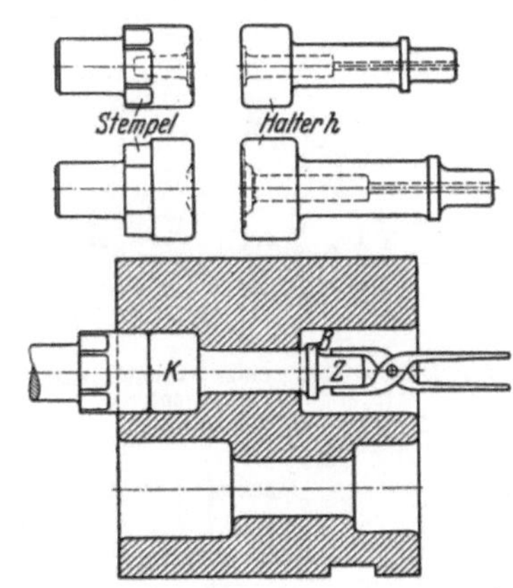

Abb. 158. Stauchen mit Halter.

15. Dornen und Lochen sind zwei Arbeitsvorgänge, die auf der waagerechten Schmiedemaschine mit großem Vorteil, zumal auch ohne Abfall, durchgeführt werden können.

a) Lochen glatter, durchgehender Bohrungen. Bei diesen Werkstücken ist eine grundsätzliche Voraussetzung, daß der Querschnitt der Bohrung dieser Stücke dem Querschnitt des Ausgangswerkstoffes entspricht, also ein Werkstück mit Loch von 32 mm Durchmesser muß aus einer Stange von 32 mm Durchmesser angefertigt werden (Abb. 159···161). Die Stange muß sich also beim Lochen herausschieben lassen und nicht geklemmt sein.

Ist der Durchmesser der Stange größer als der des Loches, wie bisweilen zum Sparen von Stauchhüben erforderlich, so kneift man die Stange hinter dem Werkstück ein (Abb. 162). Im umgekehrten Falle staucht man die Stange vor (Abb. 163 u. 164).

b) D o r n e n ist Stauchen und Tieflochen oder Aufdornen eines äußerlich unregelmäßigen Schmiedestückes an der Stange ohne Abfall. Beispiele:

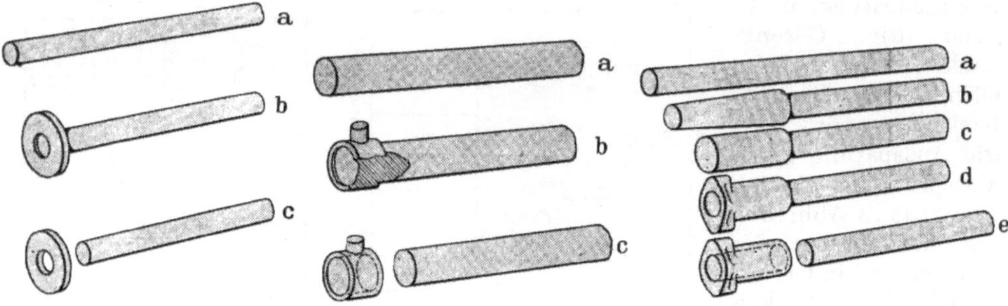

Abb. 159. Herstellung einer Scheibe.   Abb. 160. Herstellung einer Muffe.   Abb. 161. Herstellung eines Zylinders.

Der *Hohlkörper* Abb. 165 wird in drei Drücken gepreßt, indem der Vorstauchstempel nur vordornt, der zweite Stempel die Form weitet und der dritte fertig formt. Das fertige Werkstück A wird warm von der Stange abgesägt. Die Vorformen A^I und A^{II} sind nur des Bildes wegen von der Stange abgeschnitten.

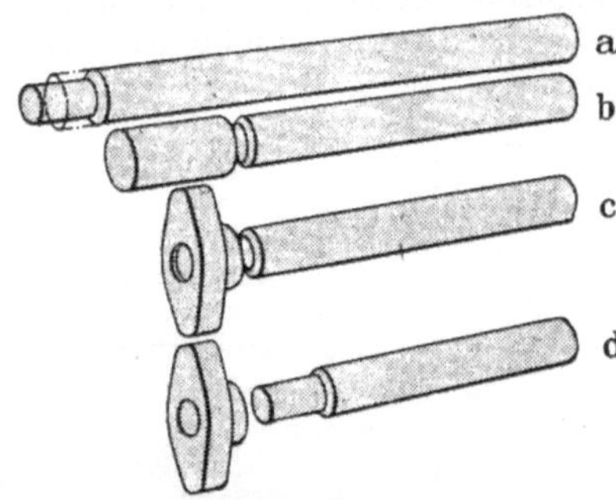

Abb. 162. Herstellung eines ovalen Flansches (Stange eingekniffen).

Stauchen eines *Flansches* (Abb. 166) an einer Kurbelwelle. Diese wird erst im Gesenk geschmiedet und abgegratet. Die Schmiedemaschine staucht dann in einer Hitze den Flansch im ersten Druck an (a) und dornt im zweiten Druck (b).

c) D o r n e n und L o c h e n ist eine Vereinigung von a) und b), z. B. zur Herstellung großer Radnaben mit unregelmäßiger Bohrung (Abb. 167).

d) Das L o c h e n quadratischer oder vielkantiger Stangen nach dem EHRHARDT-Verfahren (Abschn. 7) kommt für zylindrische und schwach kegelige Hohlkörper aus Knüppeln von quadratischem Querschnitt mit abgerundeten Kanten in Frage (Abb. 168). Dabei müssen die ringförmigen Querschnitte gleich dem Knüppelquerschnitt sein, zweckmäßig auch etwas kleiner.

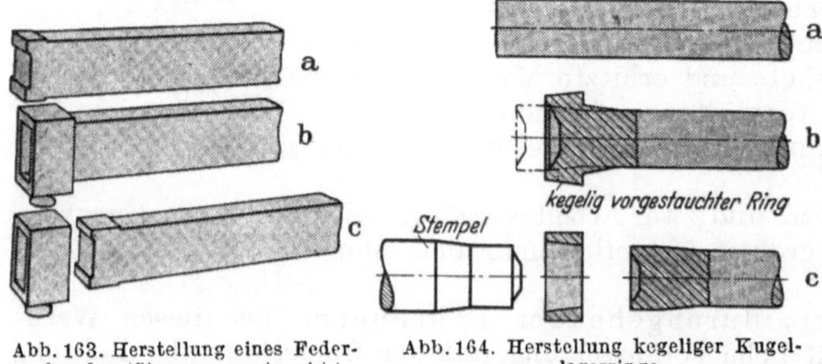

Abb. 163. Herstellung eines Federbundes (Stange angestaucht.)   Abb. 164. Herstellung kegeliger Kugellagerringe.

Kann man den Querschnitt eines Hohlkörpers nicht mit einem prismatischen Knüppel, dessen Übereckmaß gleich dem Außendurchmesser des Werkstückes ist, in Einklang bringen, so nimmt man eine Rundstange von etwas kleinerem Durchmesser. Da diese im Gesenk außen nicht anliegt, hilft man sich durch

Anstauchen eines Bundes (Abb. 169a). Das Tiefloch Abb. 169, das tiefer ist als der Stauchhub der Maschine, wird stufenweise hergestellt. Bei Bemessung der Lochtiefe je Druck ist auf die Knickgefahr des Stabes zu achten (Abschn. 12, in vorliegendem Falle auf Regel I).

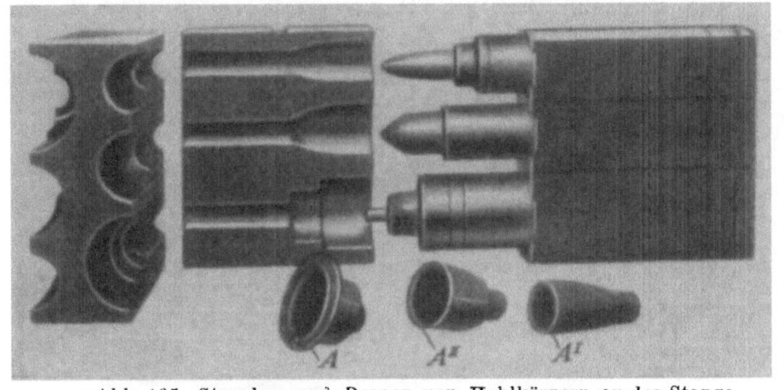

Abb. 165. Stauchen und Dornen von Hohlkörpern an der Stange.
A Fertigstück; A^I u. A^{II} Vorformen.

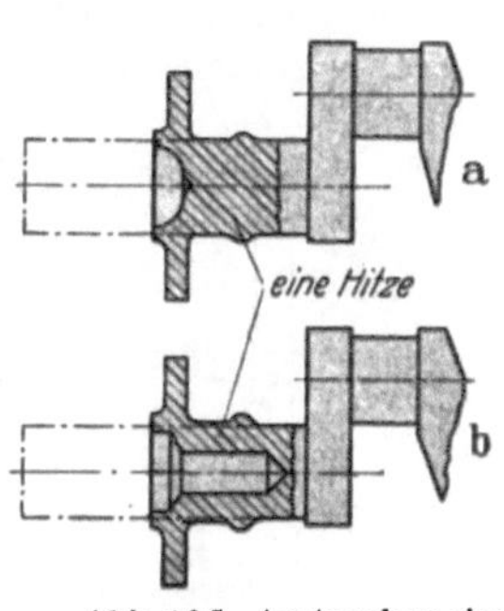

Abb. 166. Anstauchen eines Kurbelwellenflansches.

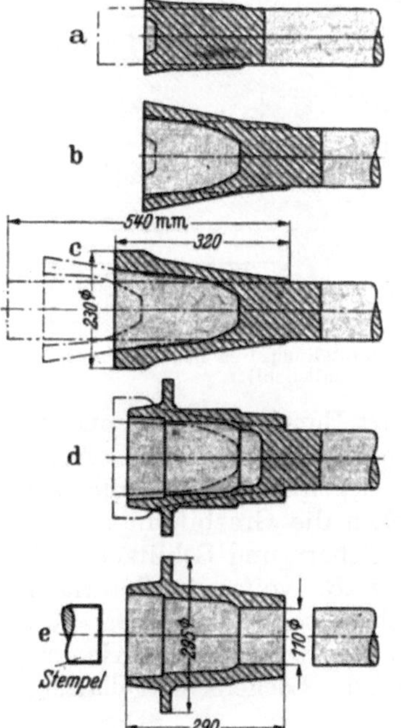

Abb. 167. Herstellung einer Radnabe.
a Vorstauchen; *b* und *c* Vorstauchen mit Aufweiten durch Nachschieben in einer Preßform; *d* Fertigpressen; *e* Ablochen.

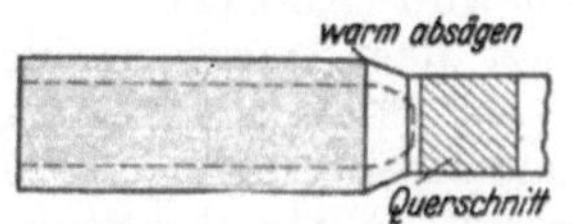

Abb. 168. Herstellung von Hohlkörpern aus Knüppelstücken nach EHRHARDT-Verfahren.

Das bisher nach Abb. 170 I hergestellte Gesenkschmiedestück fertigt man jetzt durch Stauchen eines abgetrennten Knüppelstückes nach dem EHRHARDT-Verfahrenn in zwei Arbeitsgängen und zwei Hitzen (Abb. 170 II). Dadurch wird wesentlich an Werkstoff und Bearbeitungszeit gespart.

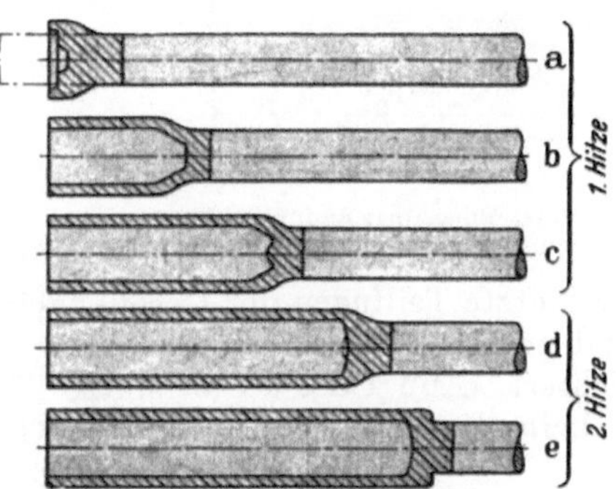

Abb. 169. Herstellung von tiefen Hohlkörpern aus Rundstangen.

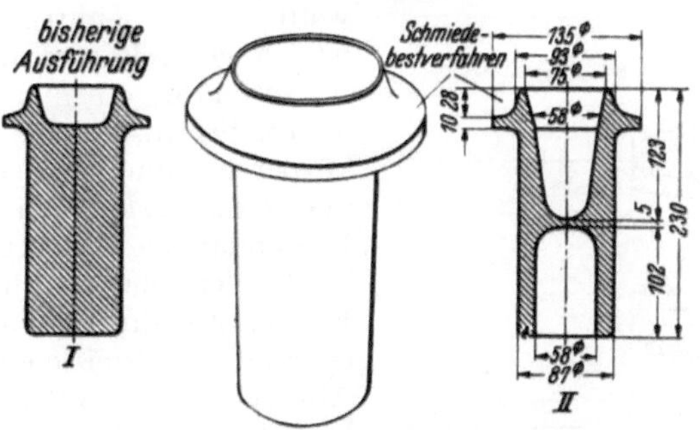

Abb. 170. Herstellung einer Radnabe mit 1 Flansch nach dem EHRHARDT-Verfahren.

Der 1. Arbeitsgang besteht im Anstauchen und Lochen der Flanschseite, der 2. im Aufdornen des Schaftes. Abb. 171 stellt die Herstellung einer Nabe in drei Arbeitsgängen dar. Das Bemerkenswerte dieser Fertigung ist das mehrteilige Gesenk, wodurch im 2. Arbeitsgang ein zweiter Flansch angeschmiedet werden kann, während im 1. Gang der erste Flansch hergestellt und im 3. Gang die Nabe gelocht wird.

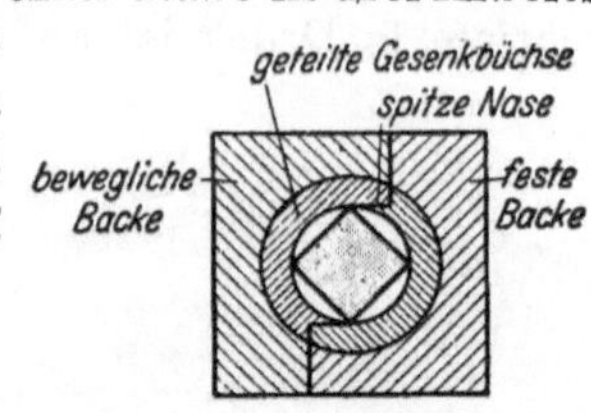

Abb. 172. Gesenkbacken mit versetzter Teilfuge (Bauart Eumuco).

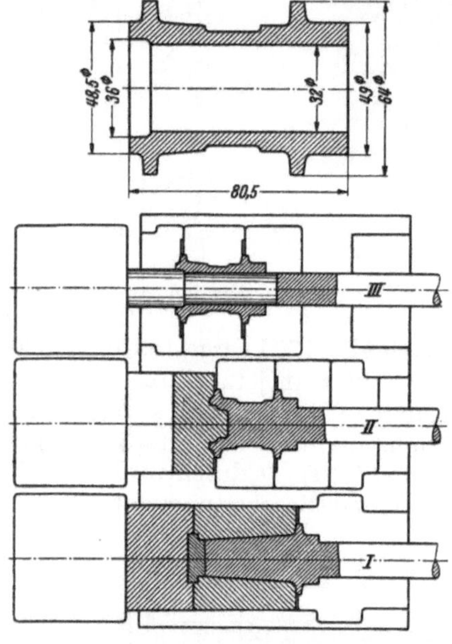

Abb. 171. Herstellung einer Radnabe mit 2 Flanschen nach dem EHRHARDT-Verfahren.

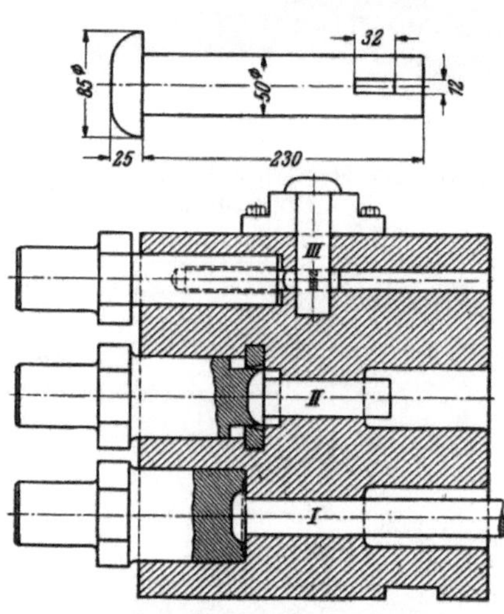

Abb. 173. Herstellung eines Baggerbolzens mit Schlitz.

Durch versetzte Teilfugen der Gesenkbacken (Bauart Eumuco) und besondere Gestaltung der Gesenkbüchse wird das Einlegen der Knüppelstücke in die Gesenkform erleichtert (Abb. 172). Die spitze Nase des Gegenwerkzeuges (Büchse) verhindert beim Zusammenschließen der Gesenkbacken die Gratbildung.

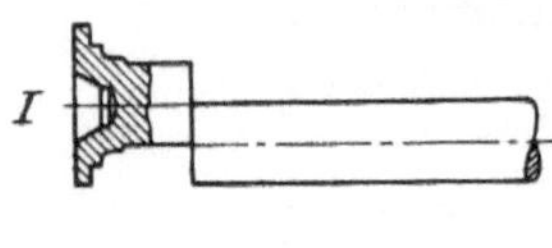
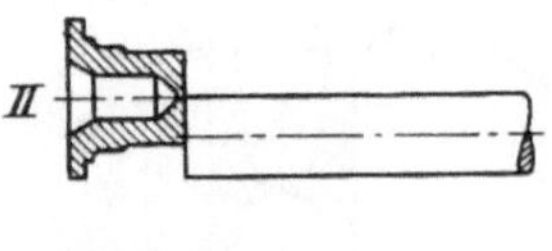
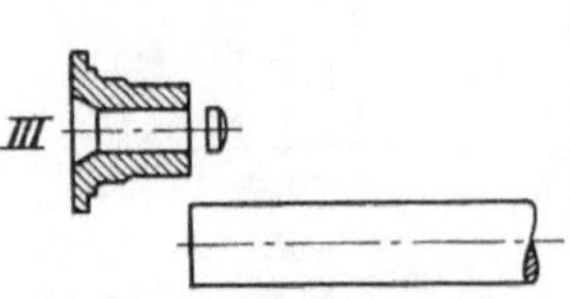

Abb. 174. Stauchen eines Schmiedestückes mit Abtrennen.

e) **Warmlochen von Löchern und Schlitzen mit Abfall.** Zur Herstellung z. B. von scharfkantigen Splintlöchern in Baggerbolzen aus Manganhartstahl werden diese senkrecht von oben zwischen die Klemmbacken gesteckt und während des Lochens festgehalten. S. Abb. 173.

16. Schlitzen von Köpfen. Ähnlich wie die Hohlkörper werden gegabelte Köpfe usw. erst vorgestaucht und geschlitzt, dann fertiggepreßt, wobei im Zwei-, Drei- oder Vierdruck gearbeitet wird (Abb. 121).

17. Trennen. Abb. 149 zeigt das Stauchen eines Kopfes an einer Stange. In dem Schmiedewerkzeug ist auch gleichzeitig ein Trennmesser M eingebaut. Das Abscheren wird durch die versetzte Mitte der Stange bewirkt. Das Abtrennen geschieht gleichzeitig mit dem Stauchen.

In der Abb. 174 wird das Schmiedestück im 1. Arbeitsgang halb von der Stange getrennt, aber erst im 3. und letzten Arbeitsgang erfolgt die gänzliche Trennung.

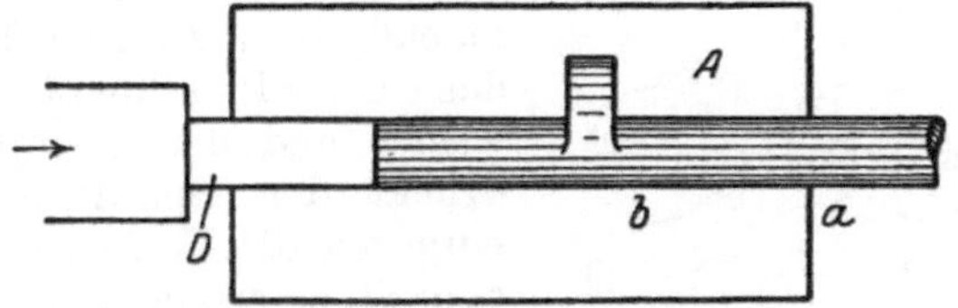

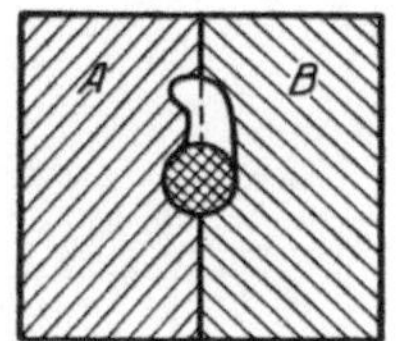

Abb. 175. Spritzen im Gesenk.

Durch diese Unterteilung wird die Rundung der Kanten, die beim 1. Trennen eintritt, wieder gefüllt. Das Trennmesser dient hier gleichzeitig als Lochschnitt. Nur ein kleiner Butzen (Arbeitsgang III) ist der ganze Werkstoffentfall.

18. Spritzen im Gesenk. Nocken und Daumen an Hebeln oder Stangen, aufzufassen als seitliche Auswüchse einer Stabform, werden beim Stauchen in seitliche Höhlungen der Gesenkbacken hineingespritzt; dabei sind zu unterscheiden: Spritzungen, die durch die Gesenkform begrenzt, und solche, die frei sind. Die letzte Art des Anspritzens von Zapfen (Abb. 132, Abschnitt 11) wird angewendet, wenn der Zapfen in der Schmiede noch weiter geformt oder eine Verlängerung angeschweißt werden soll. Die Daumenwelle Abb. 175 erhält dagegen im begrenzten Spritzvorgang ihren fertig geformten Daumen. Die Stange muß auf Strecke a—b festgeklemmt werden. Hat der Daumen noch seitliche Auswüchse, so wird Abb. 175 zur Vorform mit entsprechend großem Rauminhalt, und dann werden in der Fertigform die Ansätze angespritzt (Abb. 176). Ein Klemmen bei a—b ist in diesem Fall unnötig.

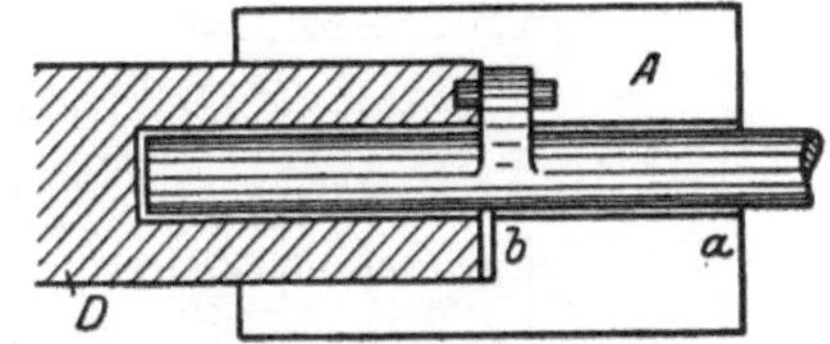

Abb. 176. Fertigspritzen von Nocken.

Die vier Arbeitsstufen zum Schmieden der im Wagenbau gebrauchten Dreieckswellen (Bremsdreiecke) zeigt Abb. 177. Beim ersten Druck wird der seitliche Anschweißzapfen 12···150 mm lang herausgespritzt. Vgl. auch die Herstellung einer Muffe (Abb. 160).

19. Das Biegen im Gesenk sei an der Herstellung des *Stangenauges B* und seiner Vorform *A* (Abb. 178) erläutert. Die Stange wird an einem Ende erwärmt und dann in der oberen Form des Gesenkes gebogen, nachdem

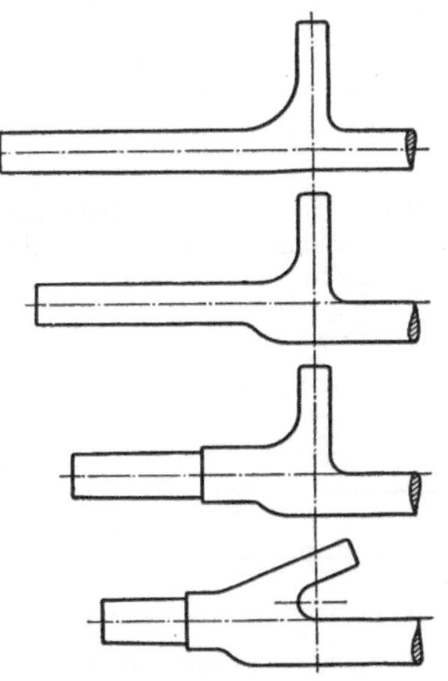

Abb. 177. Herstellung von Bremsdreieckswellen.

die richtige Länge des eintretenden Stückes mit einem Anschlag bestimmt worden ist. Beim ersten Hub der Maschine wird durch die bewegliche Gesenkbacke das Stangenende zunächst um den Bolzen *H* des festen Gesenkes (siehe Grundriß) gebogen. Sowie das Gesenk geschlossen ist, ist der Stempel *I* so weit vorgegangen, daß er gegen das umgebogene Ende der Stange stößt und dieses weiter umbiegt, so daß das Auge die Form A bekommt. Nun wird die Stange aus der oberen Form herausgenommen und zwischen die unteren Backen C gelegt (Aufriß). Die Maschine macht einen zweiten Hub, das Gesenk schließt sich wieder und der Stempel J drückt den Spiralfedern G entgegen die Backen C mit dem Stangenauge in das Gesenk hinein. Da nun die Stange selbst im Gesenk festgehalten wird, so muß durch diese Bewegung zwischen der Stelle L der Stange und K des Kopfes ein Kragen angestaucht werden in die zylindrische Bohrung M der Backe C hinein. Die Größe dieses Kragens ist abhängig von der Entfernung K von L, und diese wieder wird bestimmt durch die Stellung der Muttern F auf den Bolzen D.

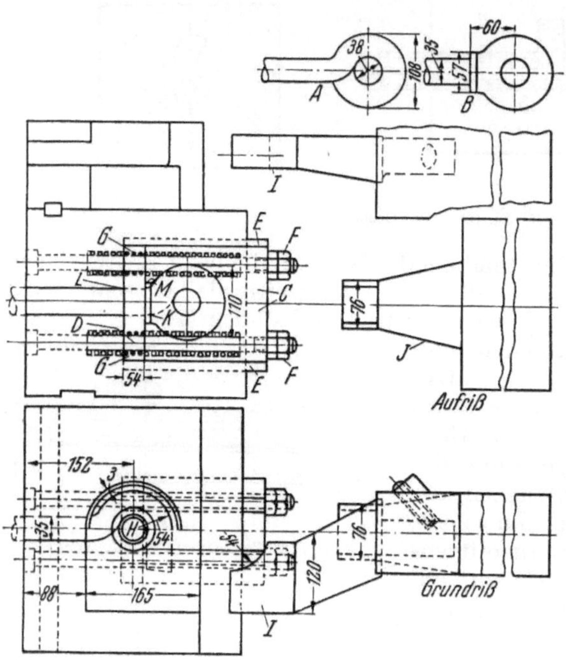

Abb. 178. Biegen und Stauchen eines Stangenauges. Aufriß. Grundriß. A Vorform; B Fertigstück.

In Verbindung mit einer Biegemaschine stellt man in der Schmiedemaschine viel günstiger den *Kurbelarm* Abb. 179 her als unter einem Hammer[1]. Es muß nur in der Wange genügend Werkstoff zum Biegen vorhanden sein. Zu wenig Werkstoff (a) ergibt Strecken der Wange, und die Form wird nicht ausgefüllt (c). Zuviel Werkstoff (b) bewirkt Schmiedefalten bei f. Die Werkstoffmenge ist also richtig zu berechnen und die Biegeform erst zu erproben; a bzw. b wird in der Biegemaschine vorgeformt und die Wange c bzw. d in der Schmiedemaschine fertiggepreßt.

20. Schweißen. Der Preßdruck von Backen und Stempel kann natürlich auch zum Zusammenschweißen benutzt werden, wenn die Rohstoffteile auf die nötige Tem-

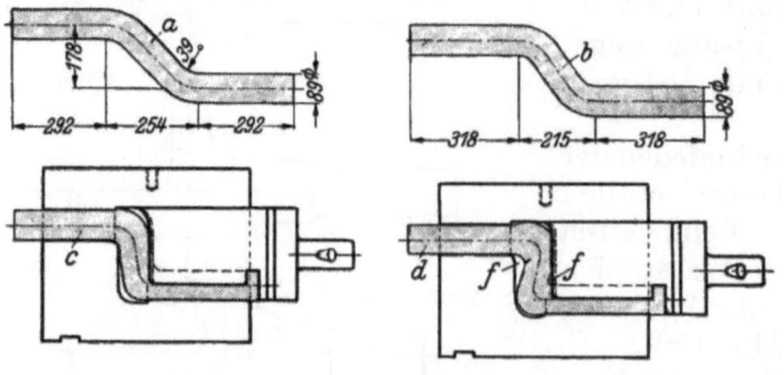

Abb. 179. Kurbelwelle im Gesenk biegen. a und c zu wenig Werkstoff; b und d zu viel Werkstoff; f Faltenbildung.

peratur gebracht, umgebogen (wie oben das Stangenauge) oder gefaltet sind, bzw. vorher auf Biegepresse oder Amboß die entsprechende Vorform erhalten haben. Namentlich werden die Abfallenden von Stangen stumpf zusammengeschweißt. Dieser Vorgang unterscheidet sich in nichts vom Schweißen in anderen Arbeitsmaschinen, die ebenfalls gleichzeitig mit dem Schweißen formgebend wirken, wenn

[1] Ausführliche Beschreiung: Heat Treating and Forging Jg. 1931, S. 260.

die Gesenke entsprechend eingerichtet sind. So z. B. wird die Trittstange C Abb. 180 aus dem Rundeisen B, um dessen Ende das gebogene Flacheisen A gelegt wird, geschweißt und gestaucht, und zwar in einem Druck.

21. Stauchen von Rohren. Auf der Schmiedemaschine lassen sich auch Rohre stauchen (Beispiel: Abb. 181). Das Rohr wird aus Stahlrohr von 55 mm Durchmesser und 4,5 mm Wanddicke aus Werkstoff St. 45.29 hergestellt. In den ersten drei Arbeitsstufen wird die Wanddicke verstärkt, in den beiden letzten wird aufgeweitet und fertiggeschmiedet.

Damit sei die Reihe der Beispiele von Schmiedemaschinenarbeiten abgeschlossen. Man kann auch zur Stangenachse unsymmetrische Stücke dabei herstellen. Grundsätzlich sollte mehr als bisher darauf geachtet werden, für

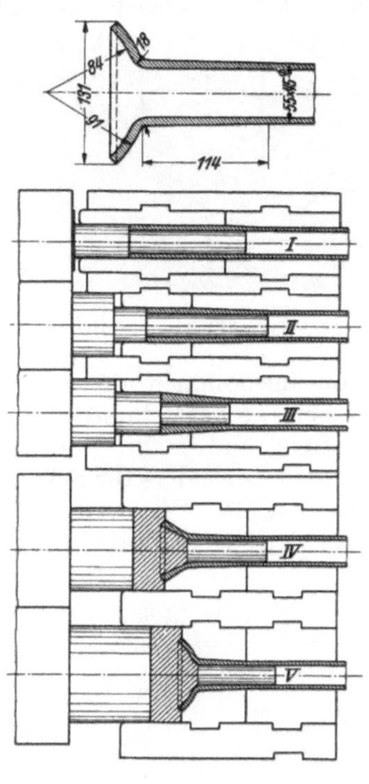

Abb. 181. Stauchen von Rohrstücken.

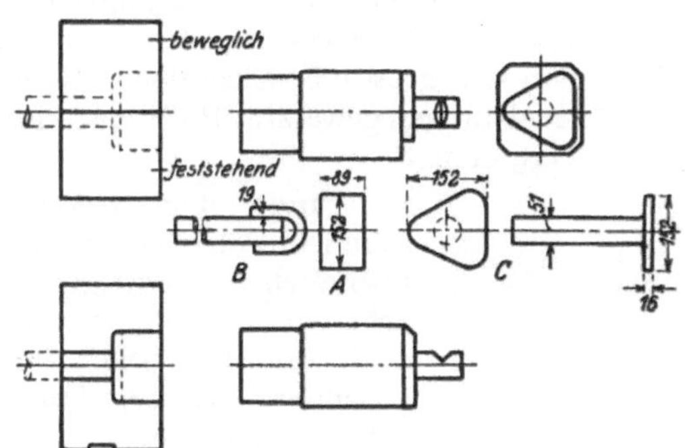

Abb. 180. Schweißen in der Schmiedemaschine. A Flacheisen; B Rundeisen; C fertige Trittstange.

Schmiedemaschinen geeignete Teile der Wirtschaftlichkeit wegen auch in Schmiedemaschinen, anstatt unvorteilhaft mit anderen Einrichtungen, zu schmieden.

C. Arbeiten mit sonstigen Maschinen.

22. Schmiedewalze (Abb. 182). Die Walzen wirken stichweise vor- und zurückgehend. Die Walzkaliber sind nebeneinander angeordnet. Durch ihre Verjüngung erhält man die gewünschte Verformung. Die Walzkörper selbst wurden vielfach als Vollsegmente (Abb. 183) ausgeführt, man stellt sie aber günstiger als Ringe oder Schalen (Abb. 184) her, die man erheblich billiger bekommt, indem man volle Ringe dreht und die Segmente (2···3 Stück) herausschneidet. Man versieht die Segmente mit Nut und Feder und spannt sie seitlich neben-

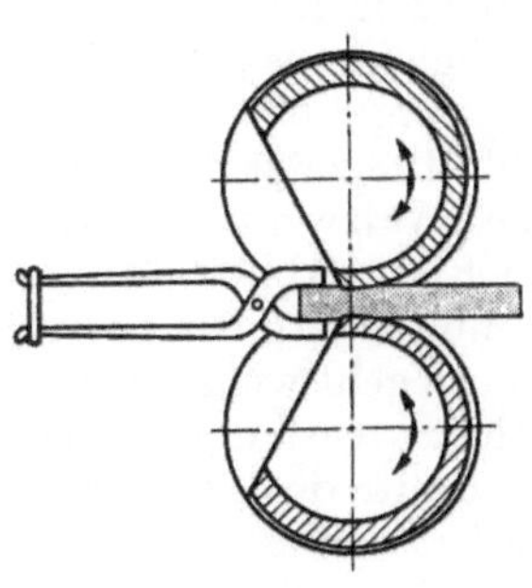

Abb. 182.
Arbeitsweise Schmiedewalze.

Abb. 183. Walzvollsegmente.

einander. Die Schmiedewalze wurde früher hauptsächlich zum Vorformen benutzt — die Amerikaner benutzen sie auch heute noch zum Vorformen von Schmiedestücken. Abb. 185 zeigt eine solche Reckwalze, wie man sie nennen kann, mit Arbeitsbeispielen. Die Walzwerkzeuge sind hierbei verhältnismäßig klein. Der Vorteil dieser Arbeitsweise liegt in großen Leistungen, im schnellen Umbau der Werkzeuge, in der Verwendung ungelernter Arbeiter. Sie ergibt eine genaue und gleichmäßige Materialverteilung und glatte Oberfläche, so daß man mit geringstem Grat auskommt und Schmiedefehler vermieden werden. Das ergibt,

Abb. 184. Walzringsegmente.

zusammengenommen, niedrige Betriebskosten, zumal diese Maschine transportabel ist und eng an das Schmiedeaggregat herangehoben werden kann. Neuerdings sucht man mehr und mehr profiliertes Walzmaterial für Gesenkschmiedezwecke zu verwenden, besonders für Schmiedestücke, die in sehr großen Stückzahlen angefertigt werden. Das Walzwerk liefert z. B. für Pleuelstangen gewalztes Profilmaterial, das die Reckarbeit mindestens zum großen Teil, erspart.

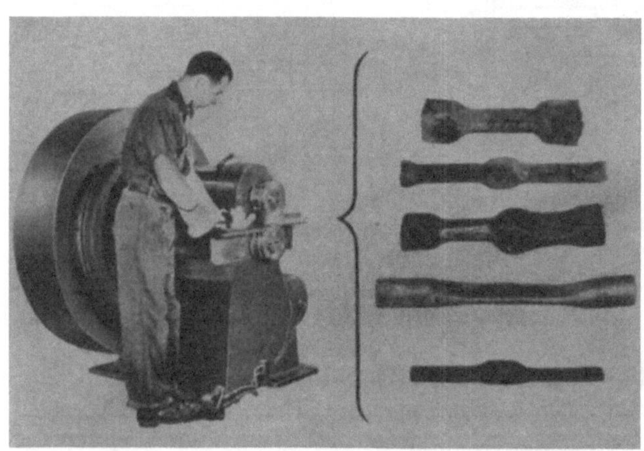

Abb. 185. Vorformen auf Reckwalze, Bauart National Machinery Company, USA. Photo Steel Processing, Februar 1950.

Unter der Gesenkschmiedewalze lassen sich aber auch viele Fertigformarbeiten vornehmen, wie z. B. Abb. 186 zeigt, insbesondere dünne, lange, runde, polygonale und flache Teile, die gleichbleibenden Querschnitt haben oder sich verjüngen.

23. Ringwalze. Die Ringwalze, Abb. 187 stellt eine Schmiedewalze mit senkrechter Achse für glatte und profilierte Ringe dar. Man kennt Waagerecht- und Senkrechtwalzen. Abb. 188 und 189 zeigen die Vorteile des Ringwalzens gegenüber Freiformschmieden und Gesenkschmieden. Die Herstellungsgänge eines glatten und profilierten Ringes zeigen Abb. 190, 191 und 192. Abb. 193 zeigt die Preßwerkzeuge zur Herstellung der Lochscheibe, Abb. 194 die Walzwerkzeuge für einen profiilerten Ring. Das Walzen geht in vier Stufen vor sich, wie Abb. 195 zeigt.

24. Abgratpresse. Beim Stanzen von Blech steht der Schnittkante des Stempels die Schnittkante der Schnittplatte gegenüber, und das Blech geht wie zwischen Schermessern durch. Die Form des geschmiedeten Werkstückes verlangt jedoch wegen der Verjüngung des Querschnittes ein Verkleinern der Breite des Schmiedestückes b_1 auf die Breite des Stempels b_1' (Abb. 196a). Der Grat wird also sozusagen nur abgedrückt, und dieser Vorgang erfordert mehr Kraft als das Stanzen. Wird das Werkstück in zwei verschiedenen Gesenken, Vor- und Nachgesenk, in zwei verschiedenen Hitzen geschlagen, so müssen zwei Schnitte hergestellt werden (Abb. 196a u. b).

Zu beachten ist auch die Lage des Schmiedestückes beim Abgraten: Erstens sucht man einfache Stempelformen zu erhalten (Abb. 197). Zweitens muß man Seitendruck vermeiden, damit das Schmiedestück beim Abgraten nicht verschoben wird. Teile mit glatter Oberfläche kann man oft ohne Verwendung eines Stempels abgraten. Man fertigt einen sog. Schlagkern an (Abb. 198), d. i. ein Stück Stahl *a* mit oder ohne Griff, das man auf das Schmiedestück legt und auf das man nun den Pressenstößel oder Hammerbär aufdrücken läßt, so daß der Grat abspringt. Man kann in den Schlagkern, im warmen Zustande, auch die Hohlform des Schmiedestückes in ganz grober Form einschlagen und dann auch Körper mit unregelmäßiger Oberfläche damit abgraten. Das Verfahren benutzt man, wenn geringe Stückzahlen in Frage kommen.

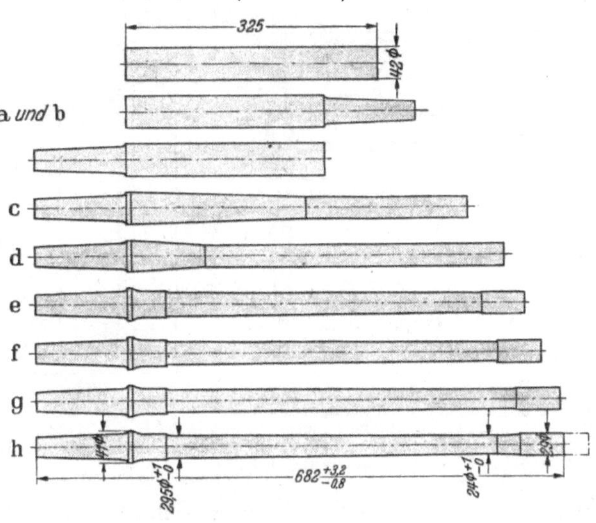

Abb. 186. Achswelle. *a* Kegelzapfen vorwalzen; *b* fertigwalzen; *c* bis *f* Schaft kegelig vorwalzen; *g* fertigwalzen; *h* ausgleichen und schlichten (Hasenclever A.-G., Düsseldorf).

Die Oberfläche der Schnittplatte muß der Gesenkteilungslinie entsprechen. Dabei ist auf den richtigen Schnittwinkel zu achten. Der Schnittwinkel α Abb. 199 sollte, wenn möglich, 45° nicht überschreiten, damit sauber abgegratet wird (siehe auch Abb. 49 II, W. B. 31). Aus dem Grunde schlägt man gebogene Gesenkschmiedestücke lieber in gestrecktem Zustande, gratet sie ab und biegt

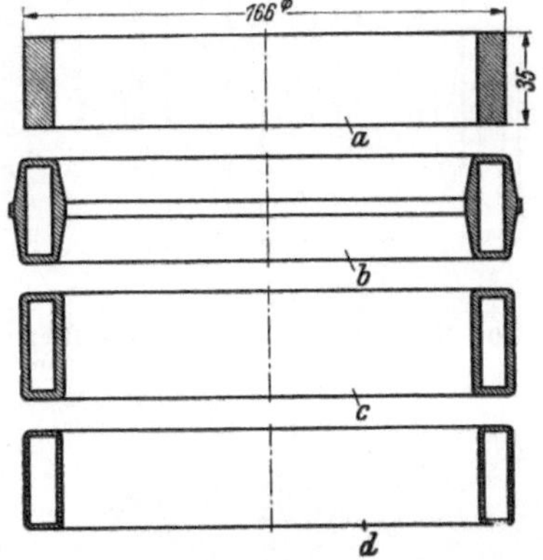

Abb. 188. Herstellung eines großen glatten Ringes. *a)* Fertigung nach spangebender Bearbeitung; *b)* Zugabe beim gesenkgeschmiedeten Ring; *c)* beim freiformgeschmiedeten Ring; *d)* beim gewalzten Ring.

Abb. 187. Ringwalze mit senkrechter Achse.

sie anschließend, was saubere Werkstücke und billigere Werkzeuge ergibt.

Um die Abgratpresse zu schonen, zumal wenn sie etwas zu schwach in der Druckleistung ist, erzeugt man einen allmählichen Schnitt dadurch, daß man die

Schnittoberfläche in der Längsrichtung leicht geneigt oder in Wellenlinien ausführt (Abb. 200 u. 201). Kleinere und mittlere Schnitte schrägt man auch oft in der Querrichtung ab (Abb. 202), um scharfe Abgratflächen und gutes Einlegen der Schmiedestücke zu erhalten. Damit das Schmiedestück sich frei schneidet und beim Durchfallen nicht

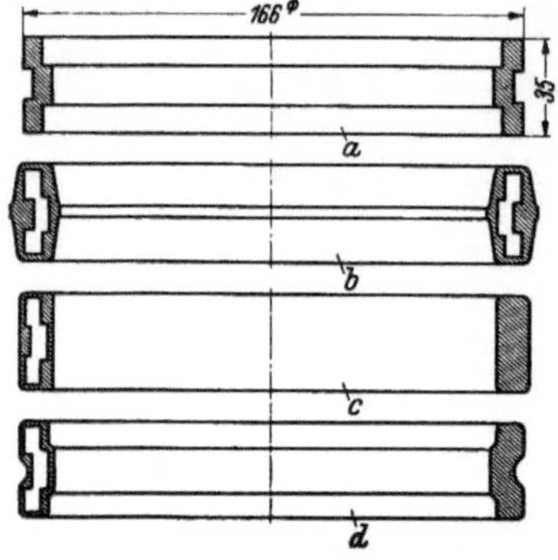

Abb. 189. Herstellung eines großen profilierten Ringes. *a*) Fertigung nach spangebender Bearbeitung; *b*) Zugabe beim gesenkgeschmiedeten Ring; *c*) beim freiformgeschmiedeten Ring; *d*) beim gewalzten Ring.

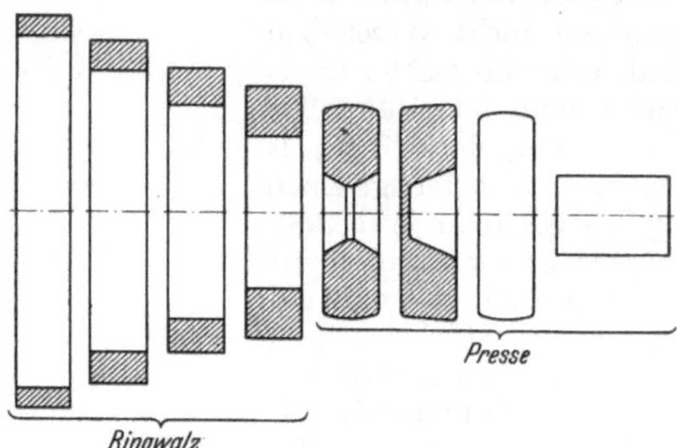

Abb. 190. Herstellungsstufen eines glatten Ringes durch Pressen, Lochen u. Walzen.

klemmt, neigt man die Wandung des Schnittloches je nach Größe der Schnittplatte um 5···10°. Beim Nachschleifen der Schneidkanten — d. i. beim Schleifen der Schnittplattenoberfläche — würde aber dann das Schnittmaß im schrägen

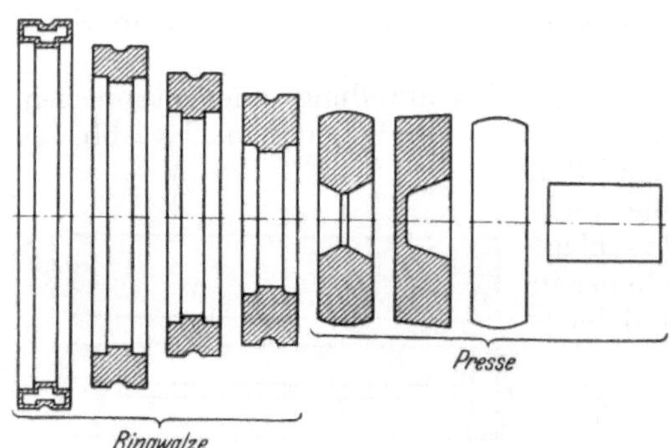

Abb. 191. Herstellungsstufen eines profilierten Ringes durch Pressen, Lochen u. Walzen.

Abb. 193. Presswerkzeuge zur Herstellung der Lochscheibe für den Ring Abb. 192.

Abb. 192. Herstellung eines glatten Ringes durch Pressen, Lochen und Walzen.

Durchfalloch immer größer. Deshalb führt man das Durchfalloch vielfach im oberen Teil mit senkrechter Wandung von 5···15 mm Länge aus, besonders für größere Werkzeuge. Der Schnitt

Abb. 194. Walzwerkzeug für einen profilierten Ring.

wird natürlich nicht ganz so sauber wie bei einem spitzeren Schneidwinkel. Will man diesen nicht verlassen, dann muß das Werkzeug öfter aufgearbeitet werden durch Ausglühen, Nachstemmen der Schneidkanten und Nachschleifen[1].

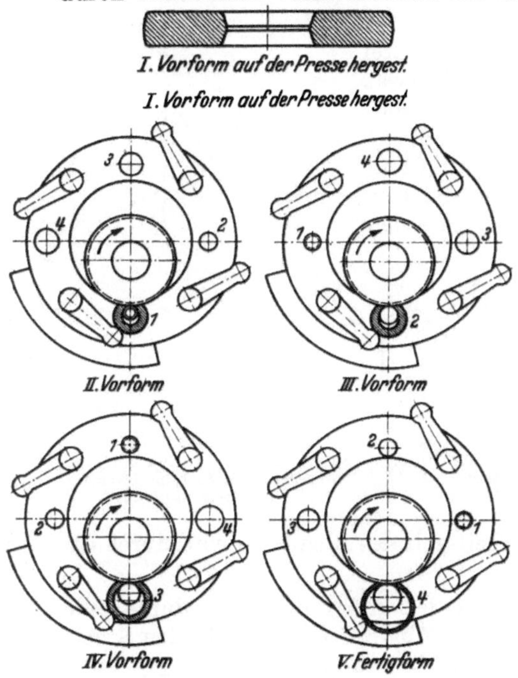

Abb. 195. Walzen eines Ringes aus der Lochscheibe.

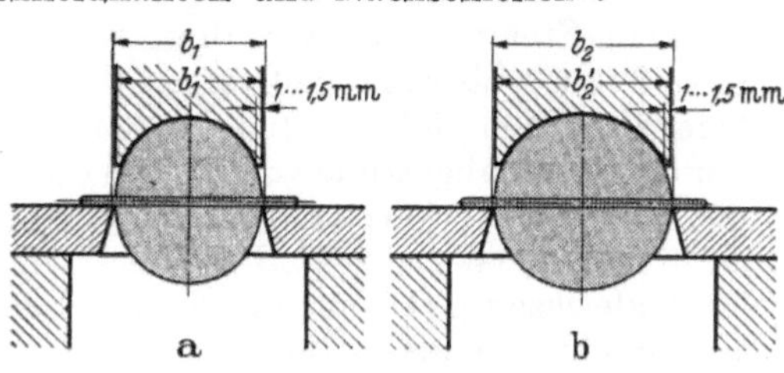

Abb. 196. Abgratschnitte. a für Vorgesenk; b für Fertiggesenk.

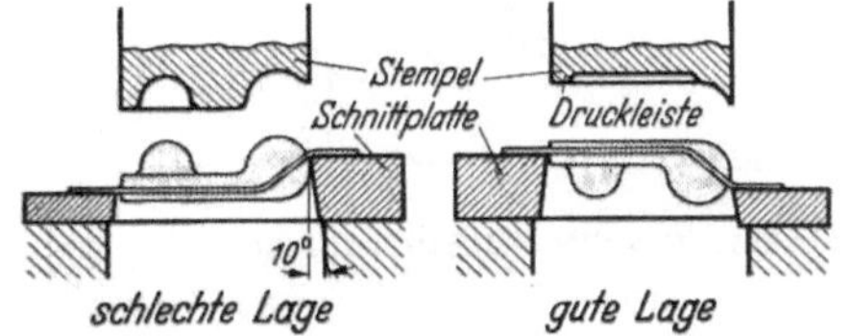

Abb. 197. Lage des Schmiedestückes im Schnitt.

Den Stempel führt man entweder gerade aus (Abb. 203), oder man schrägt ihn des besseren Freischneidens wegen nach oben ab (Abb. 204).

Abb. 205 zeigt einen zum Einlegen des Werkstückes geteilten Schnitt, auf den Spannleisten gleitend. Letztere Anordnung macht es ebenso wie der Schiebeschnitt Abb. 206 möglich, Schmiedestücke größerer Höhe in das vorgezogene Schnittwerkzeug einzulegen und dann zum Entgraten unter den Pressenstößel zu schieben[2].

Ein *Verbundabgratwerkzeug* zum gleichzeitigen Abgraten und Lochen von Rädern zeigt Abb. 207. Die

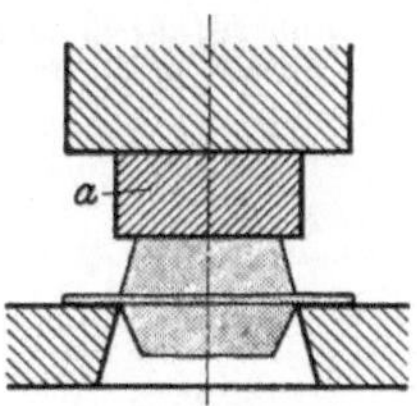

Abb. 198
Schlagkern. a Stahlstück mit oder ohne Griff.

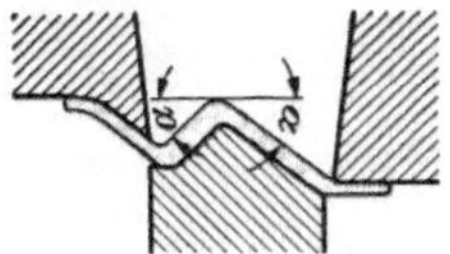

Abb. 199. Schnittwinkel der Oberfläche der Schnittplatte.

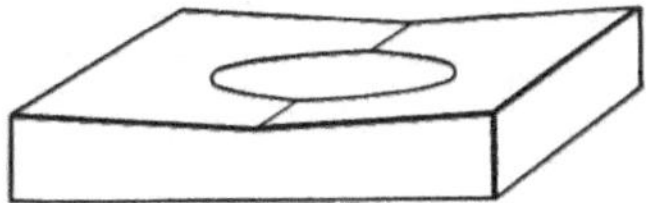

Abb. 200. Schräge Schnittoberfläche.

---

[1] Vgl. auch Abb. 249. Dort befindet sich die Darstellung eines *Abstreifers* zum Entfernen des Grates. Bei geschlossenem Schnitt ist ein Abstreifer stets wünschenswert, andernfalls der um den Stempel sitzende Grat mit Knippeisen von Hand entfernt werden muß. Zwischen Oberfläche, Schnittplatte und Abstreifer (h) muß genügend Abstand sein, um das Schmiedestück bequem einlegen zu können. Mindestmaß von h = Höhe des Schmiedestückes plus 5···10 mm. Zwischen Stempel und Abstreifer läßt man einen Spalt von 0,5···1,0 mm. Man kann den Abstreifer ein- oder zweiteilig machen, je nach Bedarf. Durch Schweißen kann man ihm bequem jede gewünschte Form geben.

[2] Heat Treat. and Forg. Jg. 1937 S. 19.

länglichen Durchbrüche im Sockel sind so lang, daß der Abstreifer *s* beim Abgraten tief genug heruntergehen kann. Beim Rückgang hebt der Pressenstößel den Abstreifer *s* und damit zugleich das abgegratete Schmiedestück an. Die Öffnung im Stempel zur Aufnahme des Innengrates ist etwa 3 mm größer als die Gratscheibe, damit diese frei herausfällt. Man läßt die Innenabgratung zeitlich etwas vor der Außenabgratung wirken, um die Presse zu schonen. Ein anderes Verbundwerkzeug in einfachster Form ist in Abb. 208 dargestellt. Das Werkzeug entgratet und locht gleichzeitig Pleuelstangen. Der Lochdorn ist lose angebracht und muß nach jedem Abgraten wieder neu

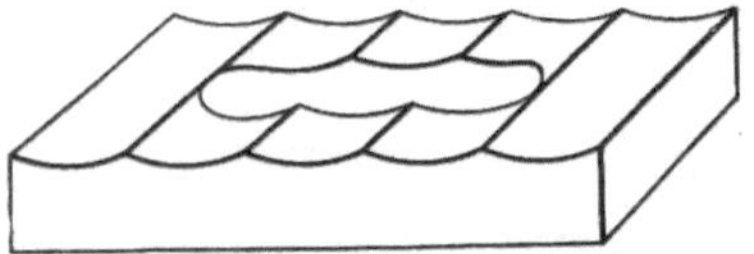

Abb. 201. Gewellte Schnittoberfläche.

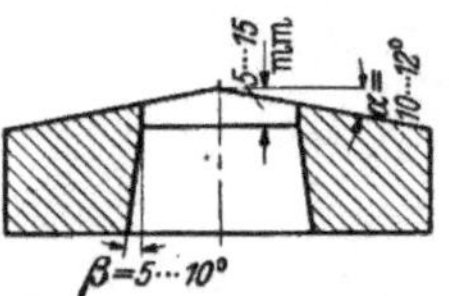

Abb. 202. Schnittplatte, quer abgeschrägt. Unterschneidung des Schnittloches.

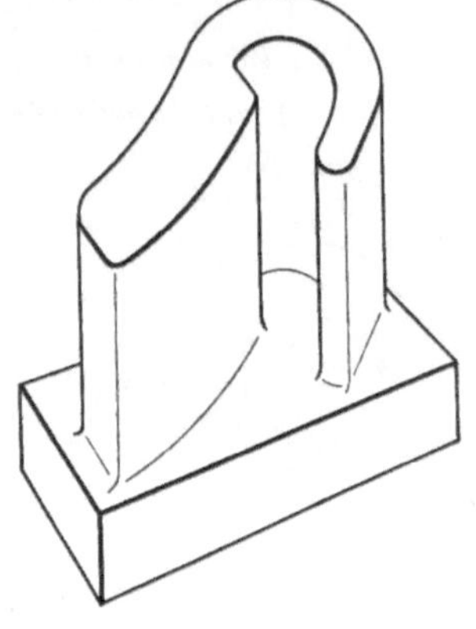

Abb. 203.
Stempel, gerade Ausführung (auf Stempelhobelmaschine Bauart Thiel hergestellt).

in das Werkzeug eingesetzt werden. Die Arbeitszeit des Abgratens wird durch ein solches Werkzeug erheblich verkürzt.

Bei leichteren Schmiedestücken kann man den Abstreifer auch durch eine Spiralfeder betätigen, oder man verzichtet auf den Abstreifer und macht den Stützdorn auf einer Gleitbahn nach vorn verschiebbar und herausnehmbar.

25. Kaltschmiedepresse. Man kennt die Herstellung von kleineren Schrauben und Muttern in den Kaltschlagpressen. Durch Weiterentwicklung dieser Pressen von Einschlag- zu

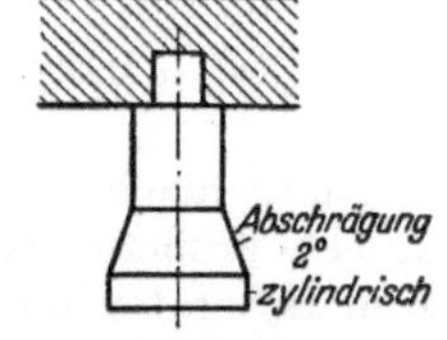

Abb. 204. Stempel, hinterschnittene Ausführung.

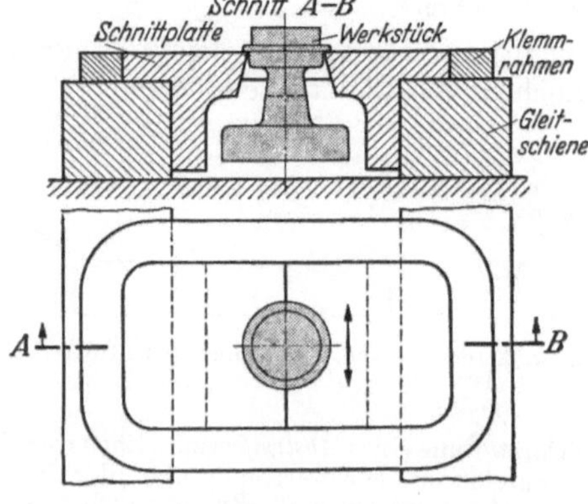

Abb. 205. Geteilter Schnitt, auf Spannleisten gleitend.

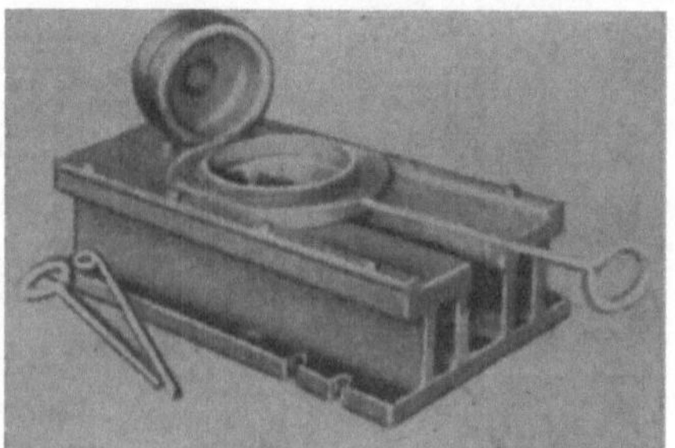

Abb. 206. Schiebeschnitt.

Zwei- und Mehrfachkaltschlagpressen hat man erreicht, daß man auch schwierigere Formen verfertigen kann. Es lassen sich auf diese Weise Teile aus Stahl und Nichteisenmetallen im kalten Zustande stauchen, spritzen und pressen und die verschiedensten Gesenkschmiedeformen aus blankem Werkstoff herstellen

(Abb. 209 u. 210)[1]. Die durch Kaltschmieden hergestellten Teile sind bei großer Genauigkeit sehr sauber und brauchen meist nur ganz geringe zusätzliche Bearbeitung für Gewinde und Bohrungen. Hinzu kommt die große Schnelligkeit des Verfahrens.

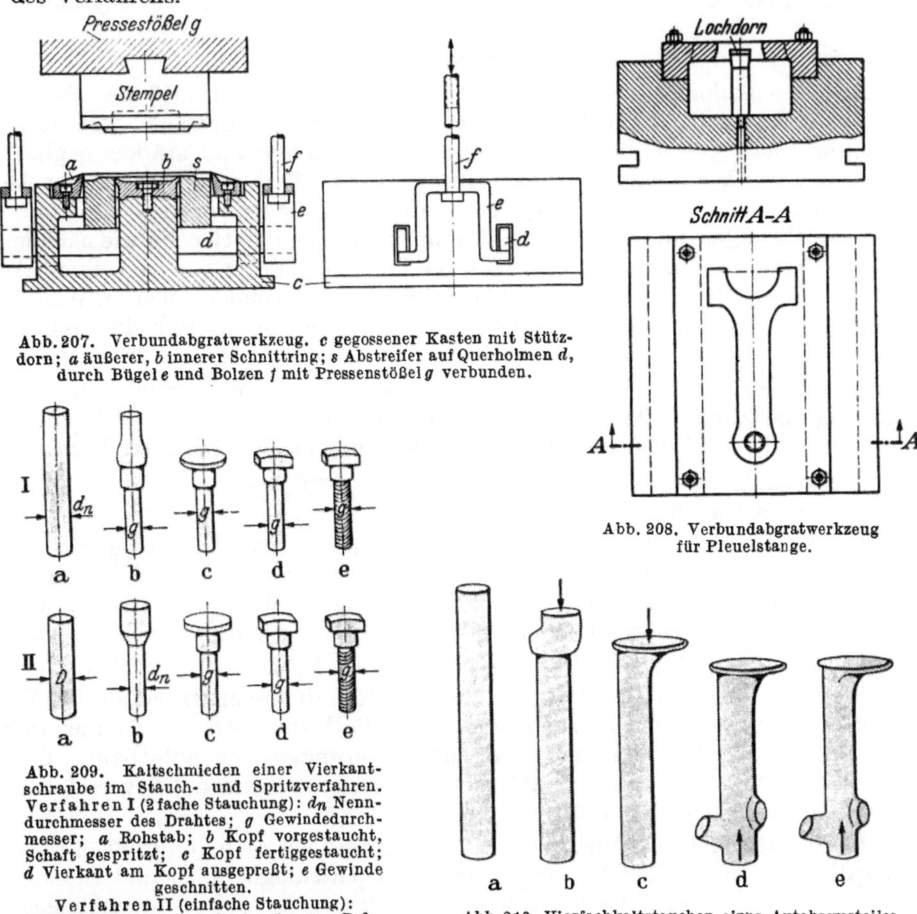

Abb. 207. Verbundabgratwerkzeug. c gegossener Kasten mit Stützdorn; a äußerer, b innerer Schnittring; s Abstreifer auf Querholmen d, durch Bügel e und Bolzen f mit Pressenstößel g verbunden.

Abb. 208. Verbundabgratwerkzeug für Pleuelstange.

Abb. 209. Kaltschmieden einer Vierkantschraube im Stauch- und Spritzverfahren. Verfahren I (2fache Stauchung): d_n Nenndurchmesser des Drahtes; g Gewindedurchmesser; a Rohstab; b Kopf vorgestaucht, Schaft gespritzt; c Kopf fertiggestaucht; d Vierkant am Kopf ausgepreßt; e Gewinde geschnitten. Verfahren II (einfache Stauchung): D Drahtdurchmesser $= d_n + 1{,}5$ mm; a Rohstab (verstärkt); b Schaft gespritzt; c Kopf gestaucht, Schaft gespritzt; d und e wie bei I.

Abb. 210. Vierfachkaltstauchen eines Autobremsteiles. Pfeile = Stauchrichtung; a Rohstab; b bis e Stauchungen.

Die Werkstoffbeanspruchung ist wesentlich durch die Abmessung des Ausgangsmaterials und die des angestauchten Teiles bedingt. Gewöhnliche Thomasstähle sind zu Kaltstauchzwecken nicht geeignet, wohl aber beruhigte Thomasstähle und S-M-Stähle. Die Oberfläche des Stauchmaterials muß bei kaltgeformten Stücken fehlerlos sein.

II. Die Abmessungen der Schmiedewerkzeuge.

Für die Abmessungen sind natürlich die Körpermaße des Schmiedestückes maßgebend. Trotz der großen Verschiedenheit ist eine Normung der Maße als DIN-Normen durchgeführt. Sie bedeutet eine geringere Lagerhaltung der Werkstoffab-

---

[1] Trans. Amer. Soc. Metals, März 1937.

messungen. Auch ist zwangsläufig eine Normung aller Befestigungsteile, wie Schwalben, Keile usw. die Folge. Die Gesenkhalter und Fußplatten können genormt werden. Schließlich greift die Normung auch auf die Maschinenteile wie Tische, Untersätze usw. über, bewirkt also eine Typisierung der Maschinen.

A. Gesenkblöcke.

Die Gesenkblockabmessungen bestimmen sich durch Umriß des Schmiedestückes und seiner Einarbeitungstiefe im Ober- bzw. Untergesenk. Bei Hammerarbeiten erhält gewöhnlich das Obergesenk die tiefere und stärker gegliederte, das Untergesenk die flachere Einarbeitung. Bei Preßarbeiten ist dies umgekehrt. Der Grund liegt im Wachsen des Werkstoffes: Bei der Schlagarbeit des Hammers steigt erfahrungsgemäß der Werkstoff doppelt so schnell nach oben wie nach unten, bei der Druckarbeit der Presse $1\frac{1}{3}$ mal so schnell nach unten wie nach oben. Außer dem Druck und dem Werkstoff-Fluß beeinflußt ganz besonders auch die Wärme das Gesenk. Die Blöcke müssen daher groß genug sein, damit sich die eingeleitete Wärme verteilen kann und die günstigste Warmfestigkeit erhalten bleibt.

Im allgemeinen leidet das Untergesenk stärker wegen längerer Wärmebeeinflussung und Zunder. Trotzdem ist es nicht zweckmäßig, Ober- und Untergesenk aus verschiedenen Stahlsorten anzufertigen oder ungleiche Größen für sie zu wählen.

Quadratische Formen des Blockquerschnittes wird man bei guter Führung des Obergesenkes wählen.

Rechteckige Form des Blockquerschnittes nimmt man bei wenig guten Führungen, um ein Kippen der Blöcke zu vermeiden. Die Höhe wird dann geringer als die Breite. Das läßt sich aber nicht immer durchführen, wenn man z. B. Vor- und Fertiggesenke nebeneinander verwendet, das Verhältnis ist dann bisweilen umgekehrt. Normale Maße siehe DIN 7520—7529 (Schmiedetechnik).

Die nachstehenden Angaben über Gesenkblockabmessungen gelten für Fertiggesenke. Für Vorschmiedegesenke kann man die Maße etwa 20 % kleiner wählen. Die Schaubilder Abb. 212···215 sind auf Erfahrungswerten aufgebaut. Die Gesenkblöcke hält man roh bis 250 bzw. 350 ▱ in Stangen auf Lager, darüber in Einzelblöcken nach DIN 7529.

26. Die Gesenkblockhöhe H_g (Abb. 211) richtet sich nach der größten Einarbeitungstiefe h. In DIN 9880—9888 sind für Gegenschlaghammer und Gesenkoberdampfhämmer (Schnellgesenkhämmer) „Kleinstmaße" der Gesenkhöhen bei bestimmten Hüben angegeben, vom Standpunkt des Hammers, nicht des Werkzeuges aus gesehen. Das bedeutet, daß die Schlagleistung der Hämmer für diese Bärstellung festgelegt ist. Die Schlagstärke nimmt also etwa proportional dem verringerten Hub ab, wenn man die Gesenkhöhe entsprechend vergrößert. Bei Luftgesenkhämmern, Gesenk- oder Dampfhämmern, Gegenschlaghämmern und Schmiedekurbelpressen ist aber auf die Höhe der Gesenke wegen der begrenzten Einbaumöglichkeit besonders zu achten. H_g darf nicht

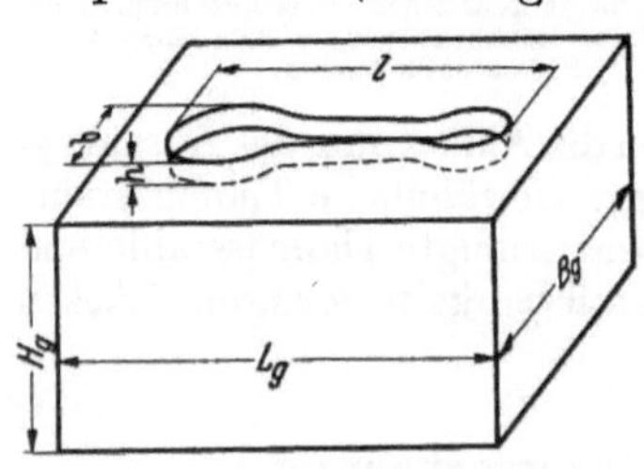
Abb. 211. Gesenkblockabmessungen.

zu gering gewählt werden wegen Bruchgefahr, Nacharbeitungsmöglichkeit, Verschleiß und Wärmeableitungsvermögen. Ein einmaliges Nachsetzen kann nach Art der Gravur und des Verschleißes bis zu 20 mm Gesenkhöhe in Anspruch genommen werden. Hohe Blöcke geben einen elastischeren Aufprall als niedrige. Bei Hammergesenken wird auch durch größere Gesenkblöcke die Schlagleistung erhöht, sofern es sich um das Obergesenk handelt. Im allgemeinen werden Pressengesenke niedriger als Hammergesenke ausgeführt.

Die Gesenkblockmindesthöhe ermittelt man aus der Formel: Gesenkblockhöhe = größte Einarbeitungstiefe × Vergrößerungszahl: $H_g = h \times f$, wobei f dem Schaubild Abb. 212 entnommen werden kann.

Beispiel:

$h = 80$ mm, $f = 3$, $H_g = 80 \times 3 = 240$ mm.

27. Die Gesenkblockbreite B_g (Abb. 211) ist bestimmt durch die größte Breite b und Tiefe h der eingravierten Hohlform. Als Richtzahlen für die Vergrößerungszahl, mit der man die Schmiedestückbreite multiplizieren muß, um die Gesenkbreite zu erhalten, wären etwa für Tiefgravuren zu nennen:

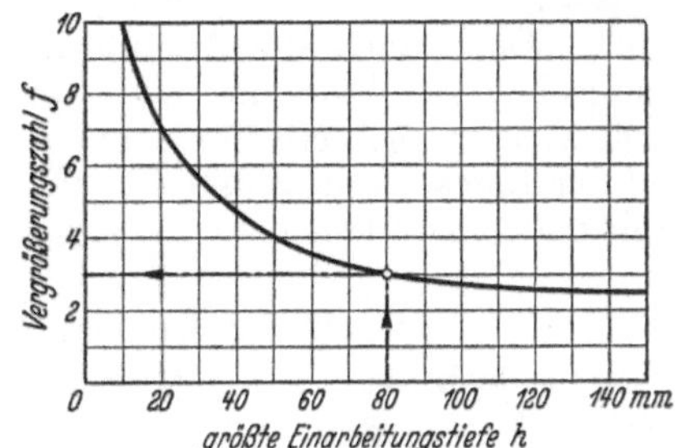

Abb. 212. Gesenkblockhöhe.

		bei freier Gratfläche	bei Stoßfläche
bis 50 mm Schmiedestückbreite		3	3,5
bis 250 mm ,,		2,5	3
über 250 mm ,,		2	2,5

Für Flachgravuren ist die Vergrößerungszahl um 0,5 zu ermäßigen. Unter Tiefgravuren sind etwa zu verstehen: Gesenkformen mit mehr als 50 mm Einarbeitungstiefe und solche, die bis $b = 100$ mm eine Einarbeitungstiefe von mehr als $\frac{b}{2}$ zeigen.

Die vorstehenden Vergrößerungszahlen gelten für Einzelgesenke. Kommen Doppelgravuren nebeneinander in Frage, dann wählt man als Abstand etwa die $1^1/_2$- bis 2fache größte Einarbeitungstiefe. Um diesen Abstand vergrößert sich dann die Gesenkblockbreite.

Runde Gesenkblöcke bedeuten kantigen gegenüber Gewichtsersparnis.

28. Die Gesenkblocklänge L_g (Abb. 211) richtet sich nach dem größten Maß l des Umrisses des Schmiedestückes und der Gesenkeinarbeitungstiefe. An der Einlegeseite werden bekanntlich Vertiefungen zum Ausheben der Schmiedestücke und zur Ersparnis von Werkstoff bei Stangenarbeit vorgesehen. Deshalb macht man den Abstand von Einarbeitungskante bis Blockstirnkante auf der Einlegeseite etwa ein Drittel kürzer als am anderen Ende.

Die Gesenkwandung von Blockstirnkante bis Einarbeitungskante (entgegen der Einlegeseite) macht man etwa 1,5 mal so groß wie die jeweilige Einarbeitungstiefe.

Bei notwendigen Gegendruckflächen verlängert sich die Blocklänge um die Dicke dieser Flächen (in der Draufsicht gemessen).

B. Einsatzgesenke.

Bei kleineren Schmiedestücken und bei runden Formen setzt man meist das eigentliche Gesenk in ein Rahmengesenk oder in einen Gesenkhalter ein. Das hat den Vorteil, daß an hochwertigem Werkstoff gespart wird und daß Ausbesserungen bequemer sind. Besondere Schmiedeformen verlangen bisweilen Einsatzgesenke, und zwar nicht nur ein-, sondern auch mehrteilige.

Als gängige Maße bis zur Normung wären zu bezeichnen:

Einsatzblock: 100, 150, 200, 250, 300, 350, 400, 450 mm Durchmesser
Außenblock dazu: 300, 350, 400, 500, 550, 600, 700, 750 mm, rund oder kantig.
(Halter)

Darüber hinaus führt man die Gesenke lieber in vollem Werkstoff aus.

Kantige Einsätze sind weniger wirtschaftlich und werden nur vereinzelt verwandt. Doch auch die Ausführung runder Einsatzgesenke unterliegt gewissen technischen Beschränkungen. Besonders für Hammergesenke ist es meist nicht möglich, auch noch ein Vorschmiedegesenk mit in das Rahmengesenk einzusetzen, weil der Block zu groß und das Verkeilen zu schwierig würde. Bei Preßgesenken kann man bisweilen mehrere Einsatzgesenke in einen Block setzen.

C. Abmessungen der Abgrat-Schnittplatten.

Mehr noch als bei den Gesenkblöcken ist hier eine Normung notwendig, um Werkstoff zu sparen und die Anzahl der erforderlichen Fuß- oder Grundplatten zu beschränken. Die Breiten und Dicken sind in jedem Falle zu normen, da Schnittstahl oft in Stangen vorrätig gehalten wird.

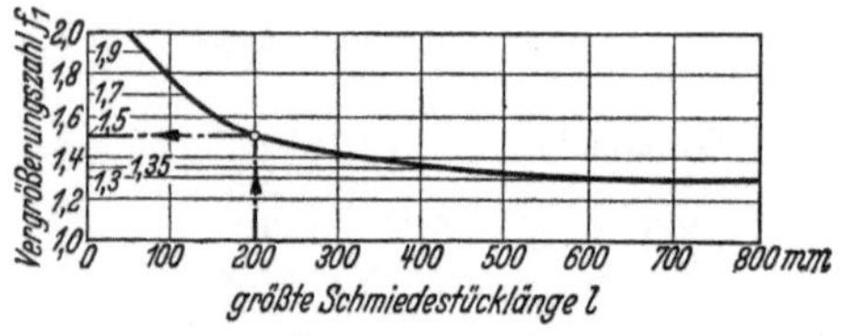

Abb. 213. Schnittplattenlänge.

29. Die Länge der Schnittplatte L_s ist abhängig von der Länge l des Schmiedestückes und wird ermittelt aus der Formel: Schnittplattenlänge = Schmiedestücklänge $\times$ Vergrößerungszahl: $L_s = l \times f_1$, wobei f_1 dem Schaubild Abb. 213 entnommen werden kann.

Beispiel: $l = 200$ mm, $f_1 = 1{,}5$ lt. Schaubild,
$$L = 1{,}5 \times 200 = 300 \text{ mm}.$$

30. Die Breite der Schnittplatte B_s ist abhängig von der Breite b des Schmiedestückes und wird ermittelt aus der Formel: Schnittplattenbreite = Schmiedestückbreite $\times$ Vergrößerungszahl: $B_s = b \times f_2$, wobei f_2 dem Schaubild Abb. 214 entnommen werden kann.

Beispiel:

$l = 150$ mm,
$f_2 = 2{,}6$ lt. Schaubild,
$b = 50$ mm,
$B_s = 50 \times 2{,}6 = 130$ mm.

Die Breite kann vermindert werden, wenn man die Schnittplatte in schwalbenschwanzförmige Führungen einspannt. Man entlastet

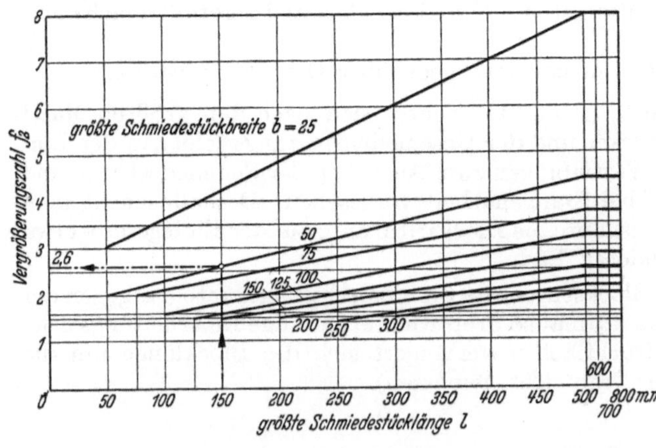

Abb. 214. Schnittplattenbreite.

dadurch etwaige Befestigungsschrauben oder kann sie ganz weglassen.

31. Die Dicke der Schnittplatte D_s ist abhängig von der Länge l des Schmiedestückes und der Ausführung des Abgratwerkzeuges. Bei einfachen Schnittplatten wird sie ermittelt aus der Formel: Schnittplattendicke = Schmiedestücklänge $\times$ Vergrößerungszahl: $D_s = l \times f_3$, wobei f_3 dem Schaubild Abb. 215 entnommen werden kann, übliche Gratstärke vorausgesetzt.

Beispiel: $l = 200$ mm, $f_3 = 0,4$ lt. Schaubild,
$$D_s = 0,4 \times 200 = 80 \text{ mm.}$$

Man verwendet in der Gesenkschmiedeindustrie bis mittelschwere Schmiede-stücke Schnittplattendicken von etwa 40···130 mm, die man zweckmäßig in Ab-

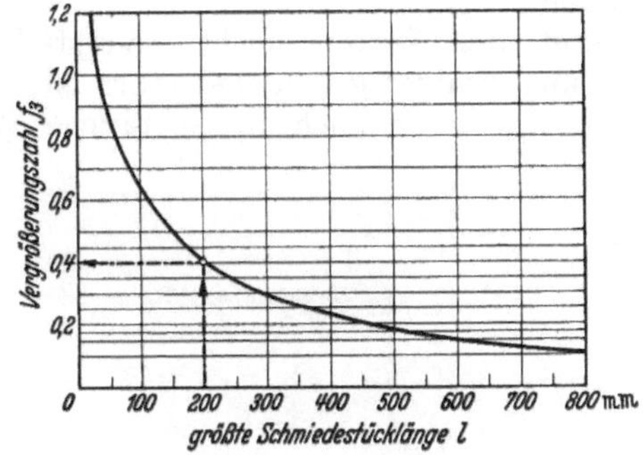

Abb. 215. Schnittplattendicke.

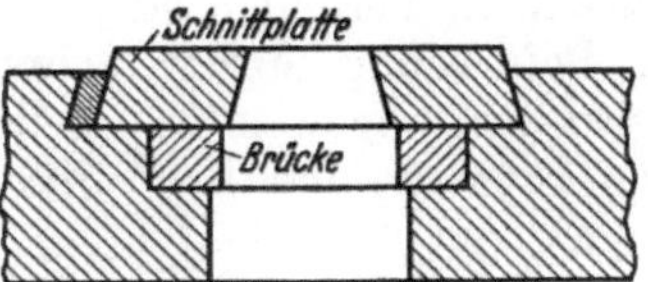

Abb. 216. Schnittplatte mit Brücke.

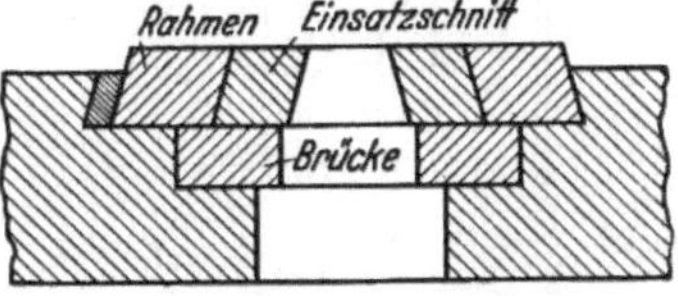

Abb. 217. Einsatzschnitt mit Brücke.

stufungen von 10 mm vorrätig hält. Bei Verwendung von *Brücken* oder *Stütz-platten* (Abb. 216) und bei *Einsatzschnitten* (Abb. 217) kann man geringere Dicke nehmen und etwa 30 % im Höhenmaß herabgehen. Das bedeutet also Werkstoff-ersparnis bei teurem Schnittstahl. In Wirklichkeit braucht man ja den guten Stahl nur an der Schneidkante. Die Brücken werden aus gewöhnlichem S.-M.-Stahl her-gestellt.

D. Abmessungen des Stempels.

Die Länge und Breite des Stempels richtet sich ganz nach der Schnittform des Schmiedestückes, sofern man ihn aus einem Stück anfertigt. Man setzt ihn auch, um Werkstoff zu sparen, aus einzelnen Stücken zusammen, wie in Abb. 218, oder schweißt ihn zusammen. Zwischen Stempel und Schnittplatte wird ein Spalt s (s_1, s_2) gelassen (Abb. 219); er beträgt für Außenschnitte nach Ausführung I: $s_1 = 0,05 \times$ Gratdicke, nach II: $s_2 = 0,10 \times$ Gratdicke. Ausführung I schneidet besser als Ausführung II, bedeutet aber größeren Verschleiß der Schneidkanten. Beide Ausführ-ungen sind in Gebrauch. Für Dorne, also für Lochschnitte, ist das Spaltmaß, da meist größere Werkstoffdicken zu durchstoßen sind, $s = 0,05 \times$ Werkstoffdicke. Die Maße s, s_1 und s_2 sind als Mindestmaße anzusehen.

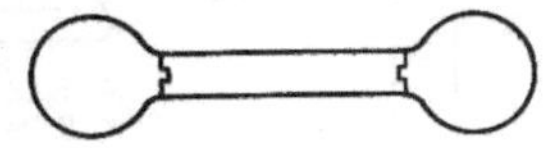

Abb. 218. Zusammengesetzter Stempel.

Der Stempel soll im allgemeinen 5···10 mm tief in die Schnittplatte einfahren. Dieses Maß, ferner die Höhe des Stempelhalters, der Fuß- und Grundplatten, die Entfernung zwischen Tisch und Stößel und der Hub der Presse be-stimmen die Höhe des Stempels. Auch dieses

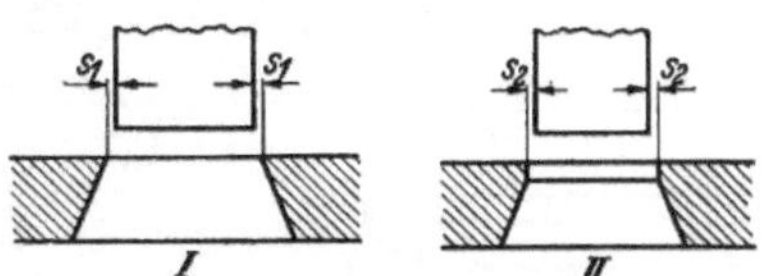

Abb. 219. Spalt zwischen Schnittkante und Stempel.

Maß normt man zweckmäßig, um nicht soviel Stempelstahl vorrätig halten zu müssen. Übliche Stempelhöhen sind 80···110 mm, nicht kleiner, um die Übersicht beim Abgraten nicht zu verlieren.

III. Die Befestigung der Schmiedewerkzeuge.
A. Die Befestigung der Gesenke.

Die Gesenke werden entweder unmittelbar am Bär bzw. Stößel und Hammeruntersatz bzw. Pressentisch oder in einem Gesenkhalter befestigt, und zwar durch Verschrauben, Verkeilen oder Einschrumpfen.

32. Befestigung durch Schrauben bietet den Vorteil leichter Verstellung und wird dort angewendet, wo die Bärführung weniger genau und starr ist, wie bei den Riemen- und Seilfallhämmern. Sie ist zwar noch in Gebrauch, aber

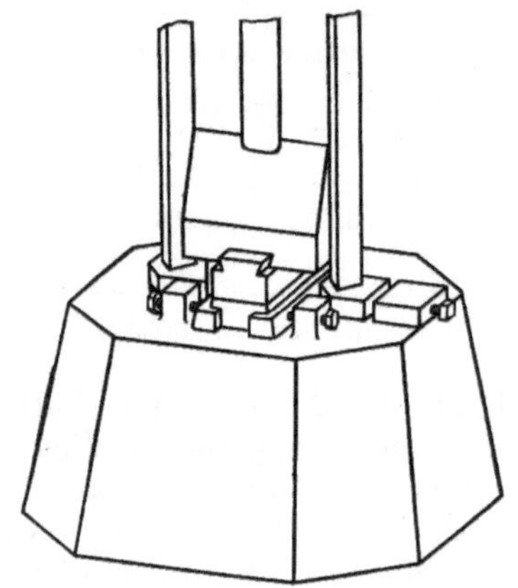

Abb. 220. Gesenkbefestigung durch
Schrauben mittelst Klemmbügel.

Abb. 221. Befestigung des Gesenkblockes durch
4 bis 6 Schrauben an schrägen Flächen.

nicht mehr als zweckmäßig anzusehen. Das genaue Einstellen erfordert Zeit und Geschick. Abb. 220 zeigt die Gesenkbefestigung mit 4 Schrauben, die, in Kloben am Hammer sitzend, 2 Bügel gegen den Gesenkblock drücken. Zwischen Bügel und Gesenkblock legt der Schmied, soweit erforderlich, Zwischenlagen. Bei einer anderen Art der Gesenkbefestigung, die in Eng-

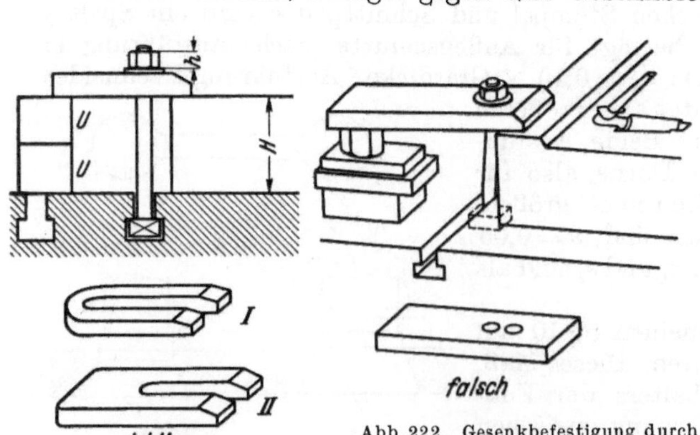

Abb. 222. Gesenkbefestigung durch
Spanneisen mit Böckchen.

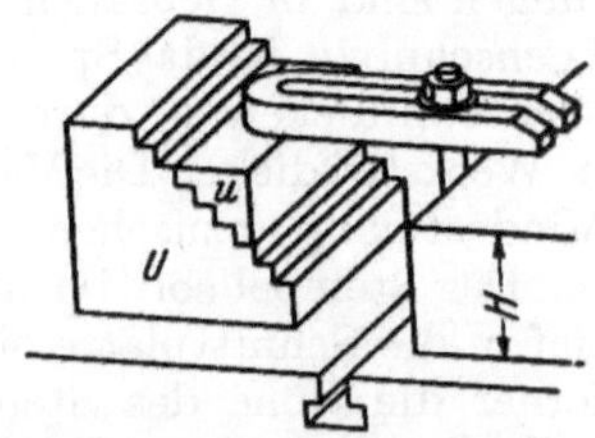

Abb. 223. Treppenböckchen mit
Gegenauflage und normalem Spanneisen aus Stahl.

land sehr gebräuchlich ist, drücken 4 oder auch 6 Schrauben auf die abgeschrägten Kanten bzw. Flächen des unteren Gesenkblockes, wie in Abb. 221 ersichtlich. Bei den Schmiedepressen, bei denen die geringe Stößelgeschwindigkeit keine so starken Stöße hervorruft, werden die Gesenkblöcke durch Schrauben und Spannklauen befestigt (Abb. 222 u. 223).

Üblich sind bei Pressen Spanneisen nach Abb. 222 *I*, weil sie aus Vierkantstahl einfach gebogen werden. Die obere und untere Fläche sollten stets parallel gehobelt sein, wenn auch grob. Ebenso die Unterlagen *U*. Von den Unterlagen gestatten die Treppenböckchen (*U*, *u* Abb. 223) am sichersten, jede Höhe *H* einzustellen. Spannklauen nach Abb. 224 sind für geringe Höhen sehr vorteilhaft.

Bei Verwendung des Spanneisens ist immer die Spannschraube möglichst nahe an das Werkstück zu rücken und die Entfernung bis zur Unterlage möglichst groß zu machen, weil der Spanndruck $P = \dfrac{Q \cdot l}{L}$ (Abb. 225) bei demselben Q um so größer ist, je größer l im Verhältnis zu L ist.

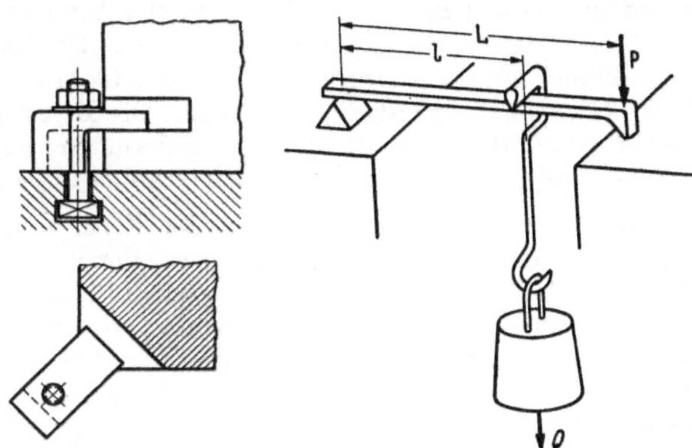

Abb. 224. Eckbefestigung des Gesenkes durch Spannklaue ohne Böckchen (auch für seitliche Nuten passend).

Abb. 225. Hebelgesetz des Spanneisens.

Soweit man Gesenkunterteile verschraubt, besitzen die Hammeruntersätze keine Nut, sondern eine glatte Grundplatte, auf der der Block ruht und durch die Bügel festgehalten wird. Ebensowenig brauchen solche Blöcke eine Schwalbe, höchstens müssen sie manchmal den Bügelmaßen, um angeklemmt werden zu können, durch Abhobeln an den Seiten angepaßt werden.

33. Befestigung durch Keile. Es ist zweifellos, daß das Verkeilen eine größere Standsicherheit verleiht als Verschrauben. Neuzeitliche Hämmer zeigen daher meist nur noch Keilbefestigung, während bei Pressen beides, Keilen und Verschrauben vorkommt. Das Gesenkoberteil wird beim Hammer stets verkeilt, vielfach auch bei Pressen, es sei denn, das Oberteil besteht nur aus einem Dorn, den man meist in einen Dornhalter einklemmt. Der Dornhalter wird dann an den Stößel angeschraubt. Die Gesenke werden in Nuten oder Schwalben verkeilt. Im Falle der Nuten werden die Blöcke an den Spannflächen glatt und rechtwinklig zur Auflagefläche gehobelt. Die Nut im Bär oder Hammeruntersatz ist ebenfalls gerade und winkelrecht zur Auflagefläche (Abb. 226 *V*). Diese Be-

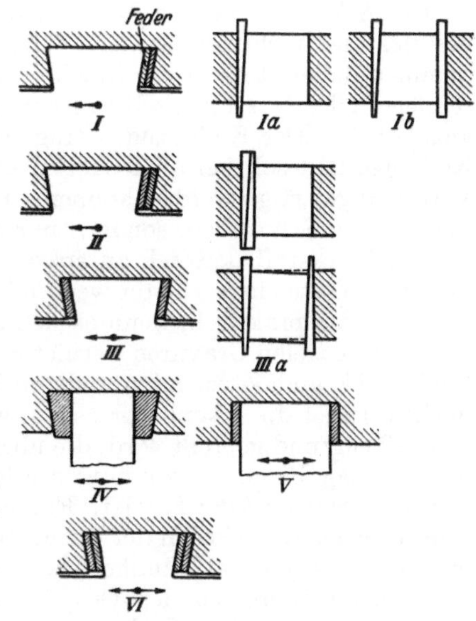

Abb. 226. Keilbefestigungen.

festigung ist für kleine und mittelgroße Gesenke bei Riemenfallhämmern zulässig. Neuerdings geht man aber immer mehr zur Befestigung mit Keil in Schwalbe — also schrägen Spannflächen — über. Zweifellos sind die Schwalben die richtige, technische Anordnung in bezug auf Unfallverhütung. Man verkeilt nun nach verschiedenen Verfahren:

a) Mit einem Keil (Abb. 226 *I*), der einseitig den Block festklemmt. Die Verstellung ist in diesem Fall nur durch Einlage von Parallelstücken auf der anderen Schwalbenseite (*Ib*) möglich. Man wendet die Einkeilbefestigung für einen Block an, wenn er nicht verstellt zu werden braucht, besonders beim Einsetzen der Blöcke im Hammerbär oder Pressenstößel. Oft klemmt man zwischen Keil und Gesenkblock eine sogenannte „Feder", das ist ein Bandstahlstreifen von 1,5···2 mm Dicke (*I*), was die Keilhaftung erhöht. Die Befestigung der Gesenkblöcke an Gesenkoberdampfhämmern (Schnellgesenkhämmer) ist nach DIN mit einem Keil vorgesehen, ebenso an Freiformschmiedehämmern (Dampf-, Luft- und Federhämmer).

b) Mit 2 Keilen, entweder in der Form eines einseitigen Doppelkeiles (*II*) oder zweier einzelner Keile, je eines an jeder Seite (*III*). Ausführung *II* dient gleichen Zwecken wie *I*, hat aber den Vorteil, daß die Keilflächen an ihren Außenseiten parallel laufen, während bei *I* die Schräge des Keilanzuges zu berücksichtigen ist. Bei Anordnung der Keile nach *III* ist die Verstellung leichter. Auch hierbei ist der Keilanzug zu beachten. Wenn Ober- und Unterteil in gleicher Weise verkeilt werden, dann stellen sie sich gleichmäßig ein und die schräge Lage *IIIa* ist belanglos für die Achsendeckung der Blöcke. Die Befestigung der Gesenkblöcke an Gegenschlaghämmern ist nach DIN mit zwei Keilen wie *III* bzw. *IIIa* vorgesehen. Durch Schräghobeln der Gesenkblockschwalben um den Keilanzug kann die rechtwinklige Anordnung wieder hergestellt werden. Dasselbe wäre der Fall, wenn der Keilanzug in die Bärschwalben gelegt würde.

In der Regel sollen die Keilschrägen in die Maschine gelegt werden. Die Schwalben der Gesenkblöcke sind stets parallel zur Gesenkmittelachse zu halten.

Die *Schwalben* in den Maschinenteilen und Haltern werden im allgemeinen parallel und rechtwinklig ausgeführt, etwaige Keilschrägen an den Schwalben kommen daher stets in die Blöcke. An und für sich wäre es bequemer, die Keilschräge in das Maschinenteil zu legen und am Werkzeug lediglich parallele Flächen anzuhobeln. Der Keilanzug beträgt etwa 0,5···1° oder 0,5···1 mm auf je 100 mm Keillänge und soll bei allen Keilen bzw. Schwalben gleich sein, damit Keile auf Vorrat angefertigt werden können. Bei der Befestigung nach *IV* haben die Gesenke keine Schwalben, sondern nur gerade Flächen. Diese Ausführung hat den Zweck, Werkstoff dadurch zu sparen, daß in die Unterseite des Gesenkes nochmals eine Form eingearbeitet werden kann. Bei kleinen Gesenken mit flachen Gravuren ist das praktisch, wenn es sich um hochwertigen Werkstoff handelt, bei Gesenken mit tiefen Gravuren verbietet es sich von selbst. Einen Vorteil haben Ausführung *IV* und *V* vor allen anderen Befestigungsarten voraus: die ganze Blockfläche erleidet die Hammerpressung, während bei Gesenken mit Schwalbe nur der Schwalbengrund gepreßt wird, die überragenden seitlichen Teile des Gesenkes aber beim Schlag Biegungsspannungen erleiden können, sobald sie nicht fest am Bär liegen — was meist der Fall ist. Ein in der Mitte oder seitlich gelagerter Dübel oder eine Nute des Gesenkes in der Schwalbe verhindert jede Längs- und Seitenverschiebung des Gesenkes im Hammer (siehe DIN-Blätter). Der Zweck dieser Ausführung, gleich beim Einsetzen der Gesenke vollkommene Achsendeckung zu schaffen, kann auf diese Weise jedoch nur bei äußerst genauer Bärführung erreicht werden. Bei den Gesenkschmiedehämmern muß man aber öfter die Gesenke nach vor- und rückwärts stellen können, um den richtigen Schlagmittelpunkt einzustellen, andernfalls die Gesenkblöcke anfangen zu „wandern", oder die Schmiedestücke ungleichmäßige Dicke erhalten.

c) Mit 4 Keilen. Theoretisch richtig ist die Anwendung von je einem Doppelkeil auf jeder Seite (*VI*).

d) Vereinheitlichung. Schwalbenmaße und Keilmaße für Gesenkoberdampf-
und Gegenschlaghämmer siehe DIN 6880—6888. Für Riemenfallhämmer sind die
Maße noch nicht vereinheitlicht, da die Konstruktion dieser Hämmer zur Zeit über-
prüft wird. Die Schräge der Gesenkblockschwalbe beträgt 5°. Die Keile werden z.T.
mit parallelen Keilflächen, z. T. mit im Querschnitt geneigt zueinander stehenden
Keilflächen ausgeführt (s. DIN-Norm). Die Schwalben müssen in den Ecken gut
abgerundet sein. Die Radien betragen bei Schlagleistungen

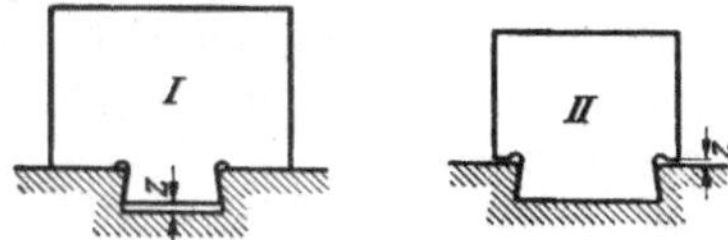

Abb. 227. Gesenkblockauflage.

von	500··· 1 250	kgm =	4 mm
über	1 250··· 2 000	kgm =	5 mm
,,	2 000··· 4 000	kgm =	6 mm
,,	4 000··· 8 000	kgm =	8 mm
,,	8 000···16 000	kgm =	10 mm
,,	16 000···40 000	kgm =	12 mm
,,	40 000···80 000	kgm =	16 mm.

e) Auf- und Anlage. Für Blöcke mit schmalen Schwalben wird die Ausführung *I* (Abb. 227) gewählt: die Blockfläche liegt breit auf. Bei breiten und
hohen Blöcken wird die Ausführung *II* vorgezogen: das freie Überkragen soll gering sein, dann ist eine Bruchgefahr durch Biegespannungen kaum vorhanden.
Maß *z* (Abb. 227) für kleinere Gesenke mindestens 3 mm, für größere 6 mm.

B. Die Befestigung der Gesenkhalter.

Die Gesenkhalter haben verschiedene Aufgaben zu erfüllen.

34. Gesenkhalter als Träger von Einsatzgesenken. Die Halter sind dann Stahl-
blöcke, in die Gesenke aus u. U. noch hochwertigerem Stahl in möglichst kleinen

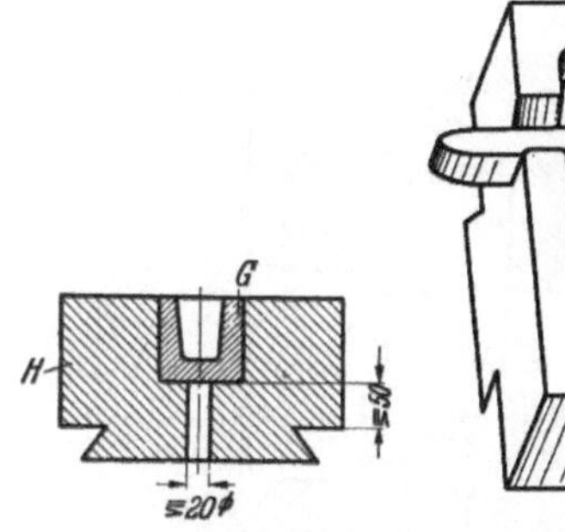

Abb. 228. Gesenkhalter
mit rundem Einsatz.

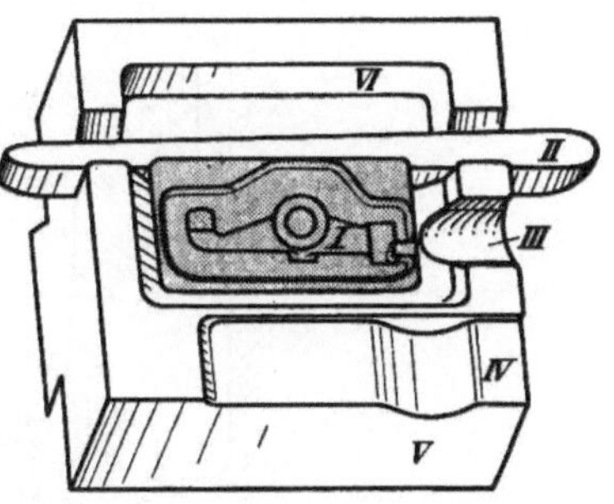

Abb. 229. *I* Einsatzgesenk, *II* Keil,
III Einlegestelle für Stange, *IV* Recksattel, *V* Gesenkhalter.

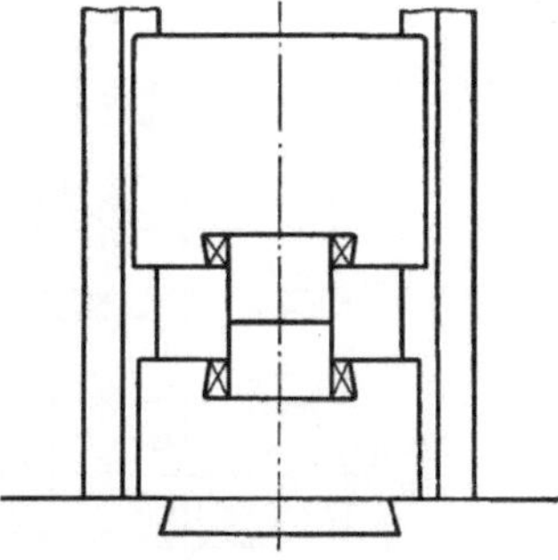

Abb. 230. Gesenkhalter im Stangen-
hammer.

Abmessungen eingesetzt werden (Abb. 228). Das Gesenk *G* ist in den Halter *H*
eingeschrumpft. Es kann ziemlich dünnwandig, 25···30 mm, gehalten werden, weil
die Pressung durch den Halter ihm zugute kommt. Man macht seinen Durchmesser
um 0,08···0,1 mm größer als die Halterbohrung. Beim Einpressen muß der Gesenkhalter vorgewärmt werden. Der Boden des Halters darf nicht zu schwach
sein, mindestens 50 mm bei kleinen Gesenken, weil er sonst leicht ausreißt. Der
Boden erhält ein Loch von mindestens 20 mm $\varnothing$ zum Herausschlagen des abgenutzten Gesenks. Statt runde kommen auch kantige Einsatzgesenke vor; sie müssen
im Halter verkeilt werden, Abb. 229. Die Abbildung stellt ein Einsatzgesenk für

Stangenarbeit dar, in dem Kipphebel geschmiedet werden. Der Gesenkhalter ist außerdem als Recksattel ausgebildet.

35. Gesenkhalter zur Befestigung kleinerer Gesenke, sofern die Schwalbe im Hammeruntersatz oder Tisch für das Einspannen größerer Gesenke eingerichtet ist. Man macht den Halter für diesen Zweck so breit, wie es die seitlichen Hammer- oder Pressenführungen zulassen, Abb. 230.

Die Keilwinkel α und β (Abb. 231) wählt man größer als α' und β', etwa $\alpha = 10°$ und $\beta = 7°$, damit im ungünstigsten Falle nur das Gesenk selbst, nicht auch der Gesenkhalter mit hochgerissen wird.

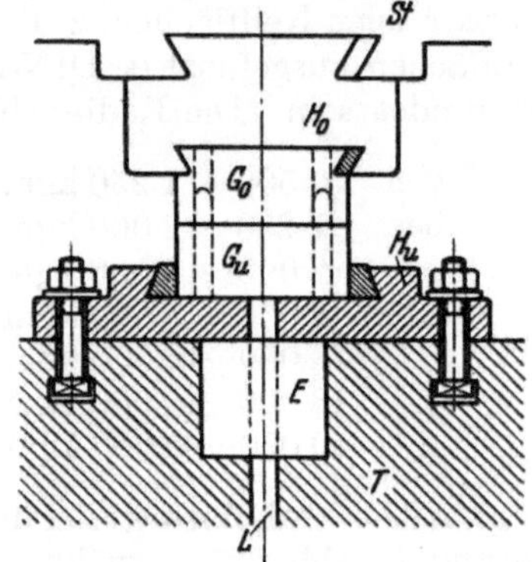

Abb. 232. Gesenkanordnung für kantige Blöcke mit oberem und unterem Halter für Schmiedepressen.
St Pressenstößel, H_o oberer Gesenkhalter, H_u unterer Gesenkhalter, G_o oberes Gesenk, G_u unteres Gesenk, E Einsatz, T Pressentisch, L Loch zum Ausstoßen.

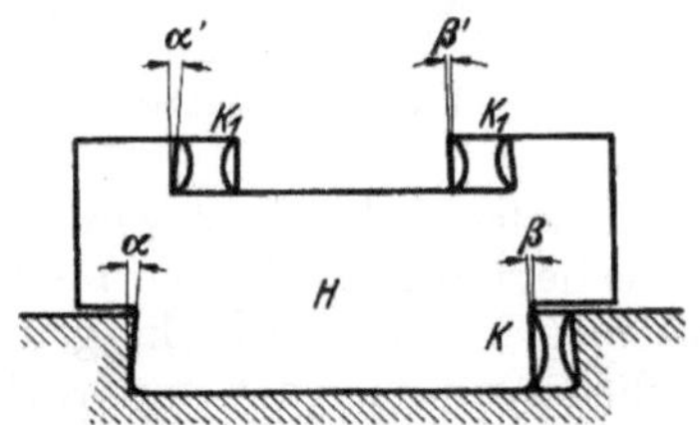

Abb. 231. H Gesenkhalter, K Keil für Gesenkhalter, K_1 Keile für Gesenkblock. $\alpha = 10°$, $\beta = 7°$; $\alpha' = 7°$, $\beta' = 5°$.

Die Abbildungen 232 bis 234 geben einige Beispiele von *Gesenkhaltern an Schmiedepressen.*

Dorne für Hohlkörper werden unterschiedlich ausgeführt und festgespannt, je nachdem sie zum Schlagen oder Pressen benutzt werden. Der Winkel α wird

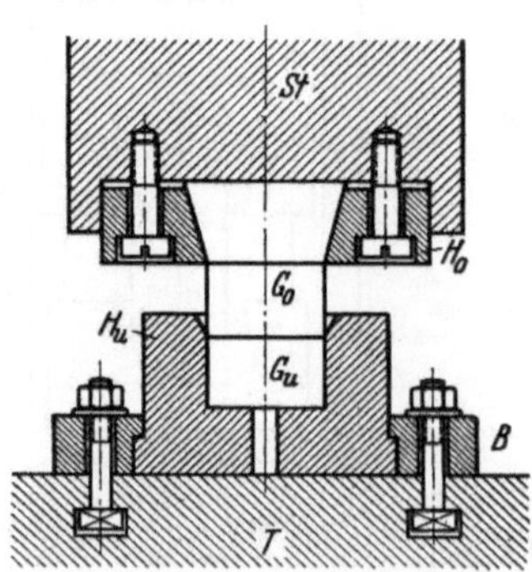

Abb. 233. Befestigung des Ober- und Untergesenkes unter Schmiedepresse durch Brillen (Halteringe).
St Pressenstößel, H_o oberer Gesenkhalter, H_u unterer Gesenkhalter, G_o oberes Gesenk, G_u unteres Gesenk, B Brille, T Pressentisch.

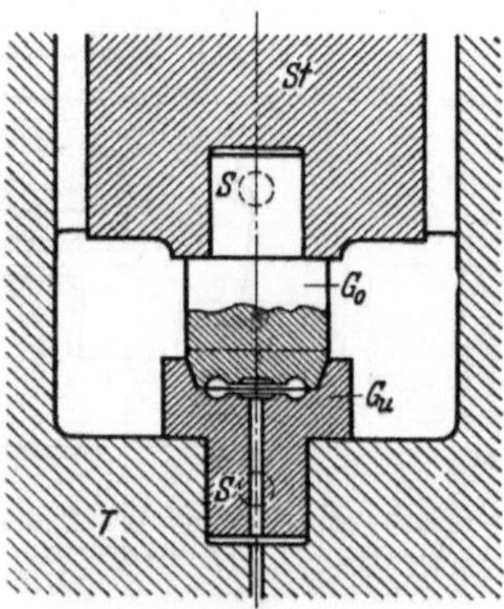

Abb. 234. Gesenkanordnung für runde Gesenke unter Schmiedepressen ohne Gesenkhalter durch Zapfen und Druckschrauben. St Pressenstößel, S Schraube, G_o oberes Gesenk, G_u unteres Gesenk, T Pressentisch.

für Schlagdorne (Abb. 235) $10 \cdots 15°$ und für Preßdorne (Abb. 236) $7 \cdots 10°$ gewählt, wenn es sich um kurze Dorne handelt, deren Länge 1,25 des Durchmessers nicht übersteigt. Darf das gepreßte Loch nicht verjüngt sein, ist es zweckmäßig, mit Abstreifer zu arbeiten (Abb. 237). Zylindrische Dorne benötigen einen viel ge-

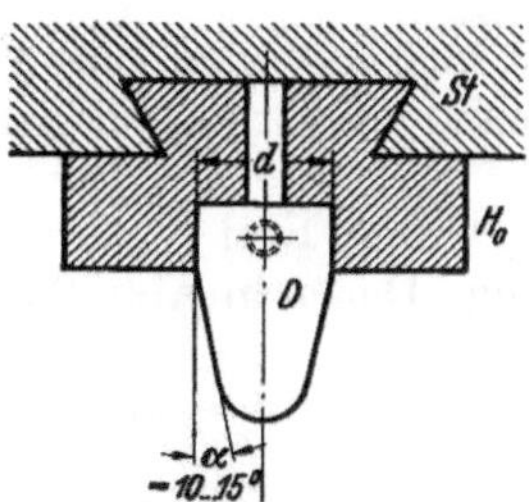

Abb. 235. Schlagdorn (D) (zylindrisch mit Schraube oder Keil befestigt).

Abb. 235 bis 237.

H_o = oberer Halter
H_u = unterer Halter
St = Pressenstößel
T = Pressentisch
D = Dorn
K = Keil
M = Mutter
A = Abstreifer.

Abb. 236. Preßdorne. Formbefestigung durch Keil.
K_1 Treibkeil. K Haltkeil.

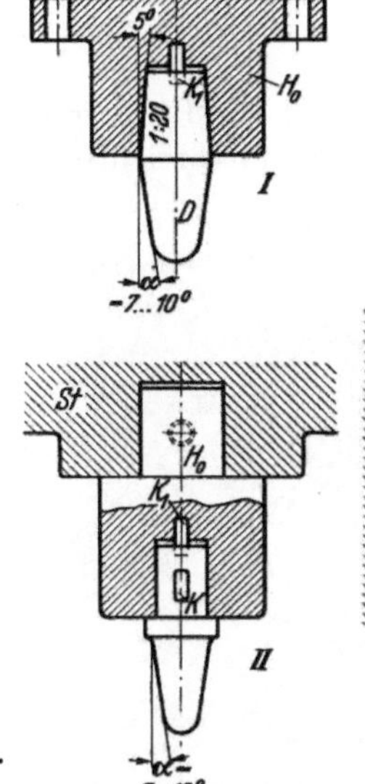

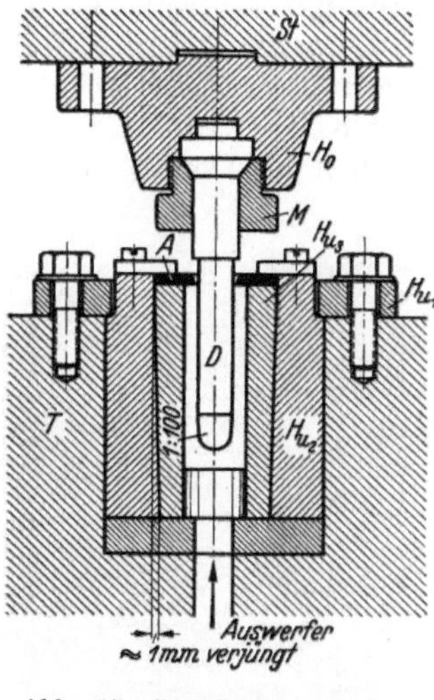

Abb. 237. Gesenkanordnung unter Schmiedepresse mit langem Dorn (D) und Abstreifer (A). Dornbefestigung durch Gewindemutter M

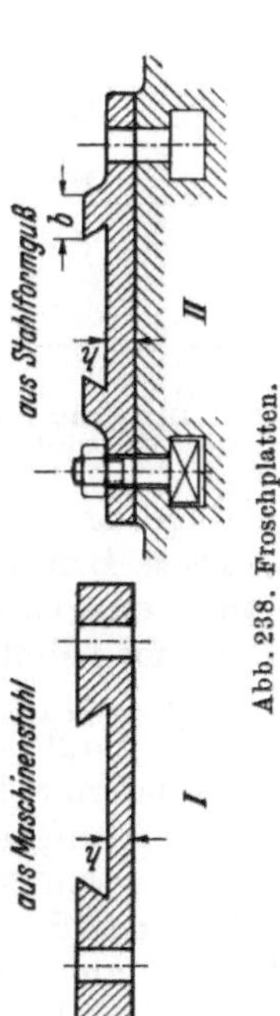

Abb. 238. Froschplatten.

Abb. 239. Gesenkhalter einer Eumuco-Schmiedepresse zur Herstellung von Naben.

ringeren Kraftaufwand als geneigte Dorne, doch werden meist schräge Dorne verwendet, um das lästige Aufschrumpfen von Grat oder Schmiedestück auf den Dorn von vornherein zu vermeiden.

Der Keil K (Abb. 236 *II*) dient zur Befestigung des Dornes, Keil K_1 zum Heraustreiben des Dornes. Die Einspannvorrichtung für lange Dorne in Abb. 237 hat

Abb. 240. Gesenkhalter einer Eumuco-Schmiedepresse
zur Herstellung von Laschen.

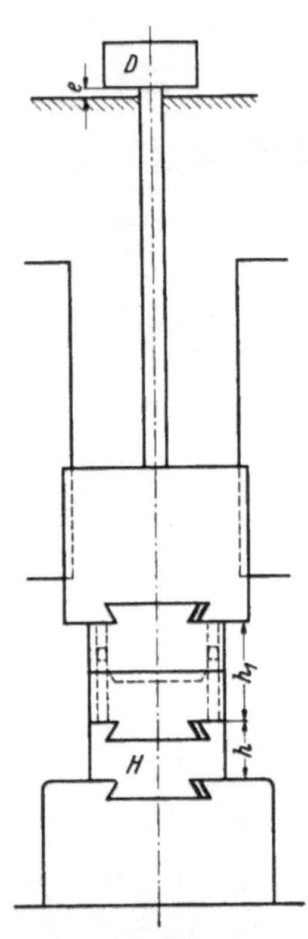

Abb. 241. Dampfhammer
zum Gesenkschmieden.

vor Abb. 236 den Vorzug der bequemen Auswechselbarkeit. Allerdings müssen diese Dorne vorgeschmiedet werden, um Dornstahl zu sparen. Diese Befestigung wird einfacher, wenn man das Gewinde unmittelbar auf den Dorn schneidet.

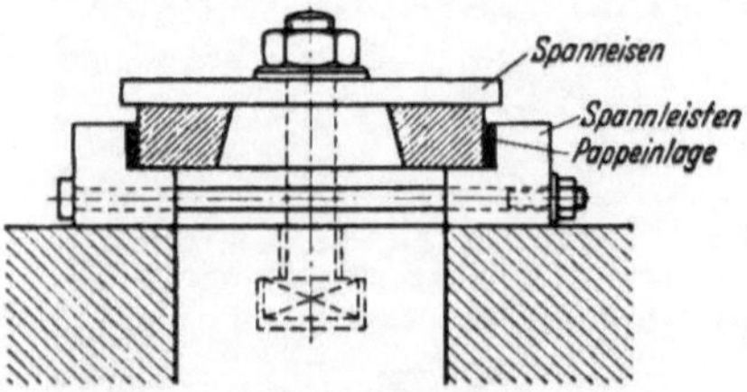

Die *Froschplatten* (Abb. 238) werden hauptsächlich bei Pressen benutzt, deren Tische keine Schwalben, sondern Schlitze haben, sind also eigentlich aufgesetzte Schwalbennuten. Sie werden am besten in Flußstahl oder Stahlformguß hergestellt. Gußeiserne Platten (auch Teller genannt) halten schlecht und sind zu verwerfen. An jeder Seite sind sie mit 2···4 Schrauben zu befestigen. h = mindestens 60···100 mm, b = 80···100 mm oder mehr. Schwalben und Keile wie bei Gesenken, Unterseite ebenfalls gehobelt.

Abb. 242. Befestigung eines Abgratschnittes mit
2 Spannleisten.

Abb. 239 zeigt das Werkzeug zur Herstellung einer Nabe unter einer Schmiedekurbelpresse. Das Stück liegt in den verschiedenen Arbeitsgängen am Boden: I = angestauchtes Vorstück (Entzunderung), II = vorgeformtes Stück, III = fertiggesenkgeschmiedete und gelochte Nabe. Das Werkzeug zu I ist rechts eingebaut. Der Gesenkhalter im Tisch enthält die runden Einsatzgesenkunterteile II und III. Im Stößel ist der zweifache Formhalter angebracht. Dazwischen befindet sich, beweglich angeordnet, der Abstreiferbalken, der gleichzeitig die Oberteile der Einsatzgesenke enthält.

Ein anderer Gesenkhalter — lediglich in Form einer Platte — ist in Abb. 240 dargestellt, die die Gesenkanordnung mit Vor- und Fertiggesenk zur Herstellung einer Lasche unter einer Schmiedekurbelpresse zeigt. Vor- und Fertiggesenk sind hier in einfachster Weise auf die Platte aufgeschraubt.

36. Gesenkhalter als Höhenausgleich bei den Maschinen mit begrenztem Hub, wie Gesenkdampfhammer, Lufthammer, Schmiedekurbelpresse, um die Höhe zwischen Hammerhub und Gesenkblockhöhe auszugleichen. Seil- und Riemenfallhämmer und Reibscheibenpressen sind unabhängig und können Gesenkblöcke beliebiger Höhe verwenden. Der Dampfkolben D (Abb. 241) muß bei geschlossenem Gesenk um das Maß e (wenigstens 25 mm) von der inneren Zylinderdeckelfläche abstehen. Man ist also gezwungen, eine Anzahl Gesenkhalter mit verschiedenen Höhen h auf Vorrat zu halten, um die verschiedenen Blockhöhen h_1 auszugleichen. Abb. 221 zeigt einen Gesenkhalter für gleichen Zweck am Luftgesenkhammer (Bauart Bêché).

C. Die Befestigung der Abgratwerkzeuge.

37. Schnittplatten werden einfach auf *Spannleisten*, die durchweg gehobelt sind und nicht unter 50 mm Dicke betragen dürfen (für gebräuchliche Spannleisten kommt die doppelte Dicke in Frage), aus Stahl St 60.11, mit Schrauben und Spanneisen auf dem Tisch befestigt (Abb. 242). Außerdem werden die Leisten noch mit 2 Schrauben gegen die Schnittplatte ge-

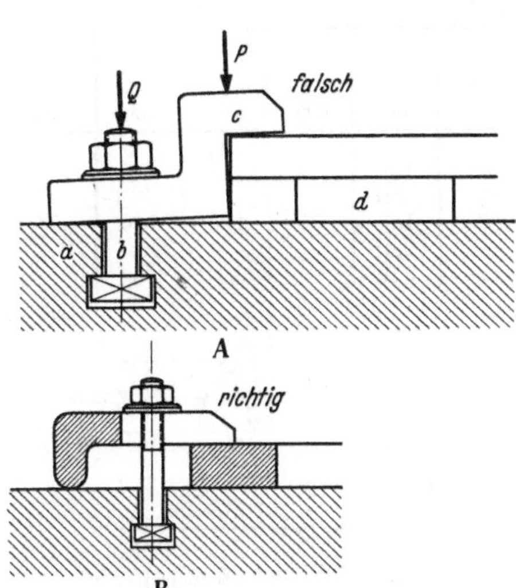

Abb. 243. Spannklaue für Schnittplatten.

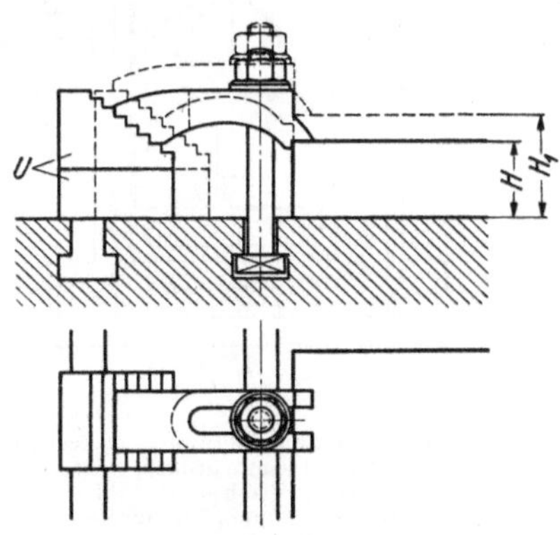

Abb. 244. Spannklaue mit Treppenbockauflage.

preßt, wobei man zur besseren Haftung Pappe zwischen Platte und Leisten legt. Weiterhin benutzt man Spannklauen (siehe Abb. 243 bis 245) zum Aufspannen der Schnittplatten. Die Klaue in Abb. 243 A wird verwandt, wenn die Schnittplatte etwas erhöht gespannt werden muß, um für das Schmiedestück Raum bei d zu schaffen. Sie muß bei *a* aufliegen um bei *c* drücken zu können. Dadurch wird der Spanndruck *P* sehr klein zum Schraubendruck *Q* und die Schraube muß sich schief stellen. Ausführung Abb. 243 B ist besser. (S. Abb. 225).

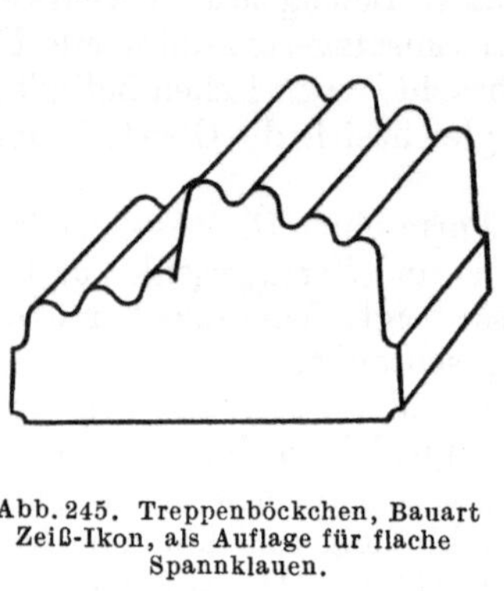

Abb. 245. Treppenböckchen, Bauart Zeiß-Ikon, als Auflage für flache Spannklauen.

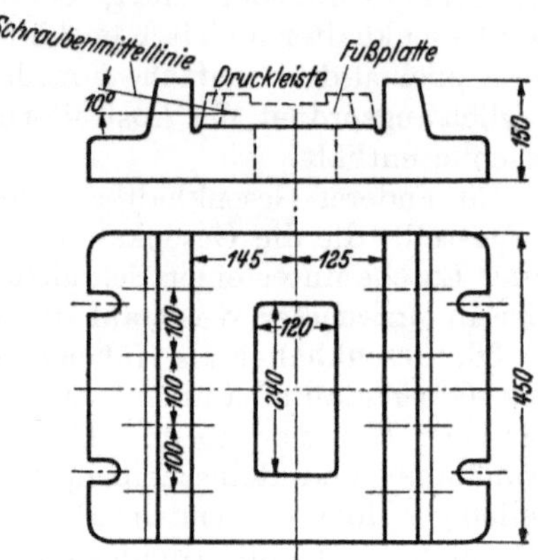

Abb. 246. Grundplatte.

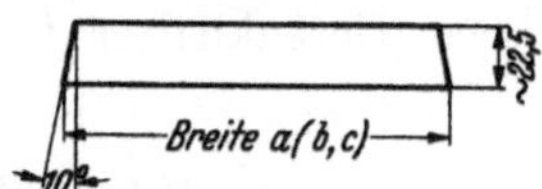

Abb. 247 Abmessungen der Schnittplatten.

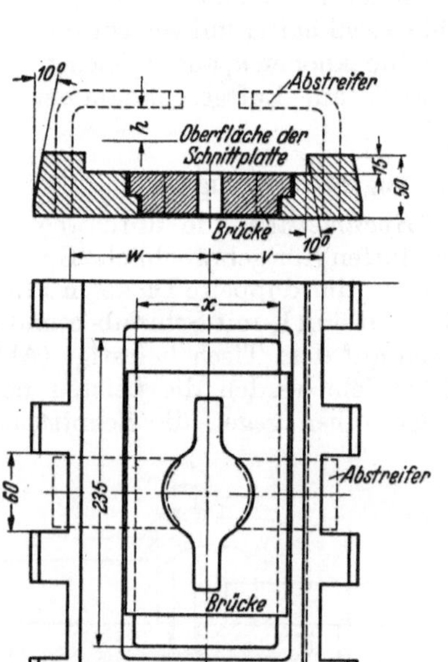

Abb. 248. Fußplatte für eine Presse von 100 mm Hub, 400 mm größter Entfernung zwischen Tisch und Stößel, 400 × 600 mm Tischgröße. 120 × 240 mm Durchfalloch.

Abmessungen der Schnittplatten.

Lfd. Nr.	Länge mm	Breite			Höhe mm
		a mm	*b* mm	*c* mm	
1	125				
2	150				
3	180	95	125	160	25
4	230				
5	310				

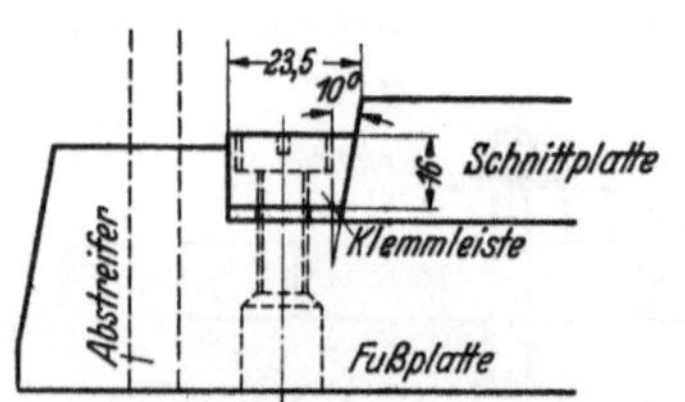

Abb. 249. Klemmleistenbefestigung der Schnittplatten.

Ein anderes Verfahren ist es, die Schnittplatten in *Fußplatten* einzubauen. Die Fußplatten sind für die einzelnen in Frage kommenden Abgratpressentische zugeschnitten und werden auf diese aufgeschraubt. Man benötigt für jede Presse etwa 2···3 Stück. Sie werden mit Schrauben auf dem Preßtisch festgehalten, ebenso wie der Schnitt durch Schrauben festgehalten wird.

Ein drittes Verfahren ist der Einbau der Schnittplatte in eine Fußplatte, die ihrerseits wieder in einer *Grund- oder Tischplatte* befestigt wird (Abb. 246). Diese Schnittplatten sind *normgerecht* ausgeführt, z. B. in Längenmaße in einer geometrischen Reihe mit dem Stufensprung 1,2 und in Breitenmaße mit dem Stufensprung 1,3. So erhält man die Schnittplattengrößen nach Abb. 247. Entsprechend diesen drei Schnittplattenbreiten nach Beispiel ergeben sich drei Fußplatten gleicher Länge und Höhe in drei Breiten. Jede Fußplatte erhält das größtmögliche Durchfalloch. Kleinere Schnittmaße bedingen das Einlegen von Brücken (Abb. 248).

Bei halboffenen und offenen Schnitten müssen stets besondere Fußplatten hergestellt werden. Es muß für freies Durchfallen des Schmiedestückes bzw. Herausgleiten aus Fußplatten gesorgt werden. Bei der Länge solcher

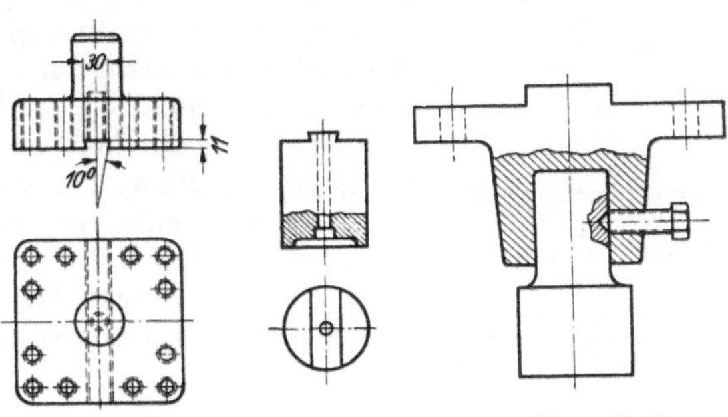

Abb. 250. Stempelhalter mit Schwalbe.

Abb. 251. Stempelhalter mit Stempelbefestigung durch eine Schraube.

Schnittplatten ist auch besonders zu beachten, daß der Schnitt über die Gratfläche bis ins ungeschmiedete Teil hineingreifen muß, damit mit Sicherheit die ganze Gratfläche abgenommen wird und sich nicht später als Werkstoffüberlagerung oder Schmiedefalte beim Recken zeigt. Die Schnittplatten werden mit Klemmleisten auf der Fußplatte befestigt (Abb. 249) und diese wird, wenn man sie nicht mit Spannklauen unmittelbar am Pressentisch festmacht, in der Grundplatte festgeschraubt. Schräg angesetzte Schrauben in der Grundplatte drücken auf Druckleisten, die seitlich an der Fußplatte liegen und sie festhalten (Abb. 246).

38. Stempel. Der Stempel wird in einem Stempelhalter befestigt: entweder durch

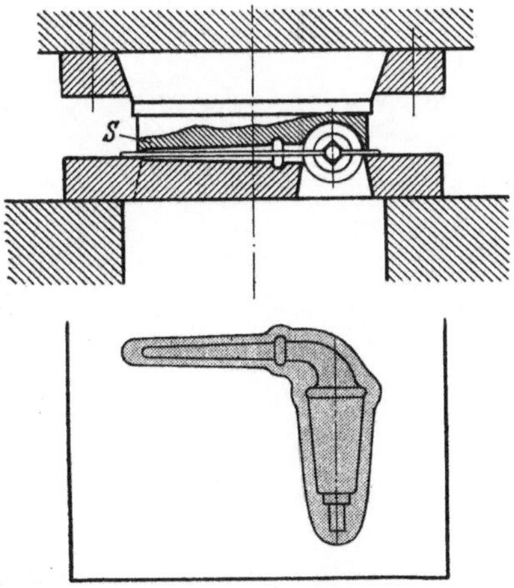

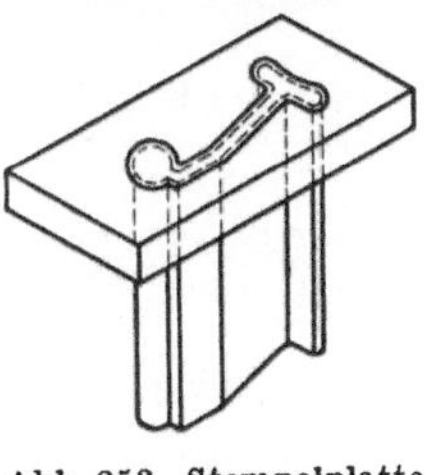

Abb. 253. Stempelplatte (Stempel gerade eingesetzt und etwas vernietet).

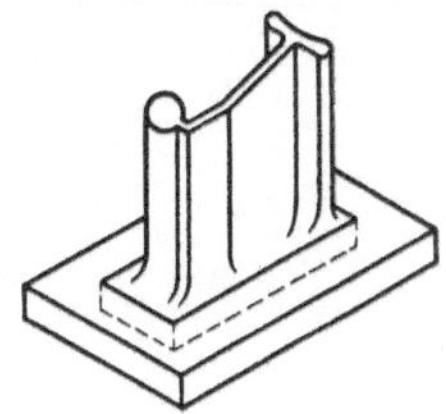

Abb. 254. Stempelplatte (Stempel mit verstärktem Fuß eingesetzt).

Abb. 252. Stempelplatte (Stempel kegelig eingesetzt). *S* Stempel.

Schwalben (Abb. 250) oder durch Schrauben (Abb. 251) oder durch Platten. Die Stempel werden in die Platten mit versenkten Schlitzschrauben eingeschraubt, oder die Stempelplatte wird kegelig ausgearbeitet, so daß der Stempel nicht herausfallen kann (Abb. 252). Die Dicke der Stempelplatten beträgt 20···40 mm. Im übrigen sei hierbei auf DIN-Blatt 810, Anschlußmaße für Pressen, hingewiesen.

Bisweilen läßt man das Loch in der Stempelplatte auch gerade, preßt den
Stempel stramm ein und vernietet ihn nur ein wenig an der Oberseite (Abb. 253).

Es ist zu beachten, daß die Bohrungen im Stempelhalter
oder Pressenstößel so angeordnet sein sollen, daß sie zu
den Bohrungen der genormten Platten — ganz gleich ob
sie rund, rechteckig oder quadratisch sind — passen.

Auf der Thiel-Stempelhobelmaschine kann man außer
der bisherigen Art auch noch Stempel mit verstärktem Fuß
herstellen (Abb. 254), wodurch der Stempel besonders bei
geringen Wanddicken starrer wird und einfacher zu befestigen ist. Bisweilen werden auch lose Lochstempel benutzt, indem eine am Stößel befestigte Druckplatte den
Stempel durchdrückt, der auf dem Schmiedestück steht.
Man greift zu diesem Mittel, wenn man den Abstreifer für
das Schmiedestück sparen will (Abb. 255).

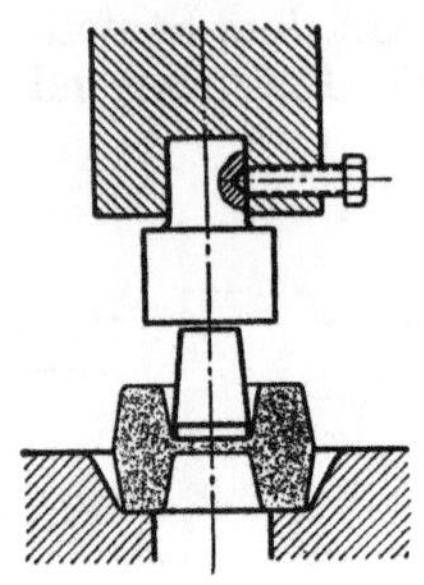

Abb. 255. Loser
Lochstempel.

(Fortsetzung 4. Umschlagseite)